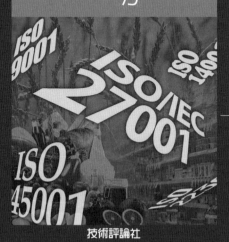

しくみ
図解

ISO
マネジメントシステムが
一番わかる

認証機関が書いた規格が
読みやすくなる初めの一冊

一般財団法人
日本品質保証機構
著

技術評論社

　ISO の入門書を書いてくれないか、と相談を受けたときには、少し驚きました。ISO 規格の解釈について学ぶには、既にさまざまな書籍が発行されているからです。他方、認証を取得している組織からは、私共認証機関に「何から学べばいいかわからない」「規格の言葉に振り回されて、社内に浸透しない」といった相談を多くいただきます。こうした相談の多くは、それぞれの規格を端的に理解し、実際に規格を活用して、仕組みを構築・運用することが、いかに難しいかを物語っています。

　特に、新しく担当者になった方々や、これから構築・認証取得を目指す方々にとっては、シンプルな言葉で大枠を読み取り、事例も交えて考え方を整理する書籍が必要と感じ、本書の執筆に至りました。

　マネジメントシステム規格は、さまざまな学びを得て策定されていますが、それを理解し実践することは容易ではありません。また、規格に書かれたとおりに構築すれば自動的に効果があがるわけでもありません。

　本書では、要求事項の詳細な解説を避け、規格の目的や重要な考え方を理解していただくことを目的としています。本書前半ではマネジメントシステム規格の共通的な考え方や制度を述べ、後半では主なマネジメントシステム規格を取り上げ、それぞれのテーマや特徴を、事例を交えて解説しています。

　規格を読む前に本書を手にとっていただくことで、規格を読んだ際の理解度は大きく変わってくるでしょう。ISO のマネジメントシステム規格のような仕組み・フレームワークを有効に活用するには、それぞれの勘所があります。各々の規格の勘所を掴み、マネジメントシステムを有効に活用していただくために、本書を活用いただければ幸いです。

著者代表　早野　雅哉

ISOマネジメントシステムが一番わかる

目次

CONTENTS

第4章 マネジメントシステムの構築と運用・・・・・・・・・・・71

第5章 審査の概要・・・・・・・・・・・・ 89

CONTENTS

コラム｜目次

第 1 章

マネジメントシステム とは

　本章では、各種 ISO マネジメントシステムの規格、制度、および運営の解説に先立って、最も普及している ISO 9001 を例に、そもそもマネジメントシステムとは何か、その目的は何か、なぜ必要なのかについて、社員である "私" の視点からの説明を試みます。

1 -1 私の仕事とマネジメントシステム

●私の仕事

　自社のホームページを設計する企画部門のウェブデザインが仕事です。

　ウェブデザインはホームページの制作・更新という業務の一部です。次のプロセスは依頼元部門による確認、その次は広報部門の確認、最後のプロセスがIT部門によるテストとホームページの公開になります。

　このようにみると単純なプロセスですが、うまくいかない場合が多くあります。制作後のウェブページに修正依頼があり、作業の手戻りが繰り返されるためです。

・確認①のプロセスで、依頼元部門から修正依頼が度々あります。修正箇所は当初の依頼書に記載されていないものが多くあります。
・確認②のプロセスで、広報部門から修正要請があります。広報基準に適していない理由での修正もあります。企画部門のデザイン基準とは別に広報部門に独自の基準があるためです。
・テストプロセスで、IT部門から修正指示があります。ホームページのシステムにバージョンアップがあった際に技術情報の提供があれば制作時に反映できると思っています。

図 1-1-1　私の仕事のプロセス

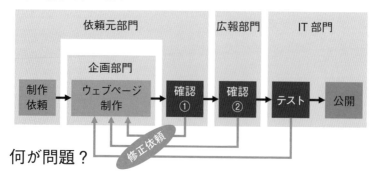

さて、私の仕事を取り巻くプロセスは、なぜうまくいかないのでしょうか。原因の解説と改善案は後ほど行います。

●私の仕事を取り巻くプロセス

ホームページの制作・更新は、営業企画、商品開発、広報などに関連する業務です。営業部門は営業企画の他に受注・契約、納期管理などを担当しています。また、営業部門の関連する業務は、企画部の担当する商品開発、製造部の担当する生産管理などとなっています。このように、ウェブデザインの仕事に関わるプロセスや部門は複雑に入り組んでいます。私の仕事の手順・ルールが守られていないことや、情報が伝わっていないことでウェブページ制作に手戻りが起こるのは、この複雑さが理由なのでしょうか。

●私の仕事とマネジメントシステム

営業部門の3つのプロセスは、それぞれ責任者と担当者がいます。各責任者はプロセスが最適となるようにルールや情報伝達・共有の仕組みをつくります。しかし、3つの各プロセスはプロセス間のルールのすり合わせと情報伝達・共有の仕組みをつくらないと営業部門全体が最適化されません。例えば、オンラインによる販売・受注を強化することになり、この業務に特化したプロセスを受注・契約プロセスとは別に設けることもあるでしょう。その場合、プロセス間の関係・ルールを再構築する必要が生じます。

同様のことが部門間でも行われます。部門と部門とのインタフェースやルールの整合、情報伝達・共有の仕組みがあって初めて会社全体の業務が最適に運営されるようになります。マネジメントシステムの役割のひとつは、プロセス内の業務、プロセス間の関係を明らかにし、会社全体の業務が最適な状態になるよう、ルールを整備し、必要な情報を伝達・共有する仕組みを構築することといえます。

●最適化とは

　これまでプロセスの最適化とか会社全体の業務の最適化と述べましたが、最適とはどういう状態を指すのでしょうか。私の仕事の場合で「最適」を考えましょう。最初は生産性の視点です。問題点は、作業の手戻りが発生することでした。生産性の面での最適な状態とは「手戻りがないこと」といえるでしょう。

　次に、仕事の成果の面での最適な状態とは何でしょう。ウェブページで伝達したいことが正確に伝わっている状態でしょうか。あるいは、タイムリーな情報発信ができた状態でしょうか。それとも、話題性が高く、多くの人が閲覧している状態でしょうか。ウェブページ制作の依頼元部門や広報部門で意見が異なるかもしれません。最適な成果を出すためには、あらかじめ利害関係者の意見をまとめて、ウェブページの制作方針や狙いを決めておく必要があります。制作したウェブページが方針や狙いにマッチしていれば、私の仕事の成果は最適な状態といえるでしょう。

　会社全体の場合でも同じことがいえます。会社は、事業の目的や顧客や取引先などの利害関係者の要望を踏まえ、ときどきの事業環境の変化を捉えながら最適な状態を模索しています。その結果は経営のビジョンや経営方針、経営目標という形で表されます。会社全体の業務の最適化とは経営のビジョン・方針・目標を達成できるようにすることです。マネジメントシステムの役割は、会社全体の業務が最適な状態になるような仕組みをつくることでした。マネジメントシステムとは事業運営を最適化するためのツールといえるでしょう。

図 1-1-2　マネジメントシステムの役割

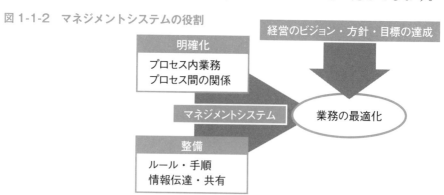

1-2 マネジメントシステムとPDCA

●私の仕事とビジョン・方針・目標

　具体的に経営のビジョン・方針・目標やマネジメントシステムが私の仕事にどのような形で関係するのでしょうか。

　勤めている会社は昨年に ISO 9001 に基づく品質マネジメントシステムを導入し、社長から経営ビジョン「わが社の製品で地域に貢献」があらためて発表され、中期経営方針は、「商品開発による新市場の開拓」となりました。これを受けた企画部門の目標として、「商品開発期間の短縮（10%向上）」が設定されています。商品開発の期間にはウェブページの制作も含まれているため、ウェブページ制作期間の短縮が私の仕事の目標となりました。すなわち、「商品開発期間の短縮」という目標に私の仕事（活動）が関連付けられました。

　しかし、これだけでは期間の短縮につながりません。私の仕事は、ルールである「ウェブページ制作手順・デザイン基準」、情報である「ホームページ更新依頼書（様式）」が基本ですので、これらを整備することで目標と関連付けることができます。例えば、制作手順には、制作に係るスケジュールをあらかじめ設定することや適宜進捗を報告することをルール化できます。

　これに加えて、従来からの課題であった制作の手戻りが解消できれば、目標達成に大きく前進するはずです。目標の達成に向けて、私の仕事に「手戻り解消の検討」という改善活動が関連付けられました。

図 1-2-1　私の仕事と目標

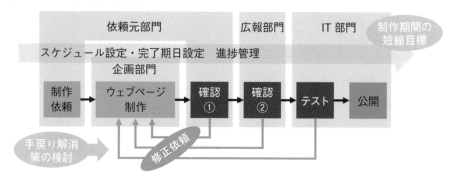

●私の仕事のプロセス改善

　ISO 9001 導入に伴って内部監査が行われました。内部監査員に私の仕事の目標である制作期間の短縮の進捗状況と、手戻り問題の解消策を検討中であることを話したところ、「モノづくりなのに設計がないね」とのコメントが返ってきました。内部監査員から ISO 9001 に設計に関する要求事項があると聞いて、初めて ISO 9001 を読み、参考にしました。

　それでは、手戻り解消に向けて、プロセスのルールと情報の面で原因の特定と改善策を検討しましょう。

ルール面：制作の仕様決定が不十分でプロセスの後の方で修正が入り、手戻りが発生する。
改善策：　プロセスに設計を加え、制作の仕様を確定させる。設計活動は会議体とし、関連部門が参画することで意思疎通と情報共有を図る。
情報面1：企画部門の基準と広報部門の基準が整合していない。
改善策：　部門間の基準に食い違いをなくす。設計会議においても、基準の確認・すり合わせを行う。
情報面2：IT 部門の技術仕様が制作プロセスに伝達・共有されていない。
改善策：　技術仕様の共有先に企画部門を加える。設計会議においても、技術仕様の確認を行う。

図 1-2-2　私の仕事のプロセス改善

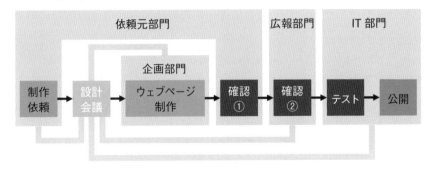

　このようにプロセスに設計機能を加えルールや情報管理を変更することで、手戻りを少なくさせることが期待できます。目標達成に大きく貢献できそうです。

●私のプロセスの PDCA

　ウェブページ制作プロセスでは、プロセスに設計会議を設ける計画を立てました。これで制作の手戻りを少なくするという案ですが、この計画が成功したかどうかの評価が必要です。判断の目安として、例えば、制作期間の過去の実績との対比や予定期間との対比が考えられます。期待した結果に至らなかった場合は、当初の計画との対比で原因を探り、あらためて改善策を実行することになります。これが私のプロセスの PDCA です。このようにプロセス管理のポイントとなる指標を測定したり監視したりすることで、プロセスが機能しているか、すなわち、最適な状況にあるかを知ることができます。

●マネジメントシステムと PDCA

　同様のことは会社全体にも当てはめられます。事業計画や事業方針から、各部門・各プロセスでさまざまな目標を立て、それぞれの実現に向けた施策と評価指標、実施計画を展開し、例えば、四半期毎に目標の達成状況と計画の進捗状況を評価します。

　施策は実現可能なものでなくてはなりませんので、実情の認識と問題点の把握が欠かせません。どのプロセスがどのように関与していて、そのルールと情報伝達・共有の仕組みが最適な状況になっているかの検討が行われます。

そのうえで、必要な施策や実施計画を立てます。このように、PDCA の改善活動はプロセスやルール、情報伝達・共有の仕組みに根差したものでなくてはなりません。

　PDCA の枠組みはプロセスをベースとした管理とともにマネジメントシステムの重要な要素です。プロセスベースの管理は定常的な業務を対象としていることに対し、PDCA には方針・目標・計画・評価・達成という時間軸があります。将来に向けた方針と目標を掲げて、これを達成しながら進めていく枠組みの下で、目標や施策をプロセスベースの管理の仕組みに結びつけるのがマネジメントシステムの役割です。

●なぜ ISO 9001 ？

　どうして会社は ISO 9001 を導入したのでしょう。先日、社長との懇談・懇親会がありましたので、懇親会の席で思い切って社長に聞いてみました。すると社長は、わが社の歴史を振り返ると常に地域社会とともにあって、そのおかげで現在があること、創業者以来の考え方を社是や社訓だけでなく、マネジメントシステムに埋め込むことによって、進化させながら未来につなげていきたいと語られていました。でも、なぜ今なのですかと聞いたところ、「それは取引先から ISO 9001 の認証をうるさく求められたのがきっかけで、それからいろいろ調べて勉強した。トップマネジメントへのむつかしい要求事項もあって大変なのだよ。」と本音が聞けて少し安心しました。

　顧客からの要請で ISO 9001 認証を取得するケースが大半です。多くの会社は、マネジメントシステムの導入をきっかけにして、導入の目的やマネジメントシステムの成果を明らかにしています。マネジメントシステムの導入や運営、認証の取得・維持には費用がかかります。導入を決断した経営者は、それをコストではなく会社と社員のための投資として捉え、マネジメントシステムの成果を求めているといえるでしょう。

●結び

　社員の視点から、仕事－プロセス－マネジメントシステムの順で、会社のビジョン・方針、目標と計画、PDCA との関係を明らかにしてきました。会社の経営や方針・目標の達成と普段の仕事との間にプロセスとマネジメン

トシステムが介在していることがおわかりいただけたでしょうか。

　ISO 9000（品質マネジメントシステム–基本および用語）の「品質マネジメントの原則」には顧客重視、リーダーシップ、プロセスアプローチなどに加え、「人々の積極的参加」という項目があります。会社が価値を創造し顧客に提供する力を高めるためには、会社のすべての階層の人々の参画が必須であり、そのためにはマネジメントシステムの理解を深め、知識・経験を共有し、コミュニケーションを促進することと書かれています。本書がISOマネジメントシステムの規格の理解と自組織のマネジメントシステムへの参画の一助となれば幸いです。

❗ マネジメントシステムの源流

ISO マネジメントシステムは、1987 年に発行された ISO 9000 シリーズが最初です。その後、1994 年、2000 年、2008 年と改定が続き、現在は 2015 年版の ISO 9001「品質マネジメントシステム – 要求事項」となっています。

1987 年の ISO 9000 シリーズの前身ともいえる規格は、1979 年制定の英国規格の BS 5750「品質システム」で、その基となった規格は、1977 年の ANSI 45.2「原子力機器に関する品質保証プログラムの要求事項」や、1959 年の MIL-Q-9858、1968 年の MIL-Q-9858A「品質マネジメントプログラム」といわれています。ANSI 45.2 は標題にあるように原子力産業で使われた規格であり、MIL-Q-9858A は米軍の規格として軍需産業で使われていました。軍需産業では、武器・兵器の資材調達での品質管理要件として、原子力産業では原子力設備の製造・維持管理における品質保証を確保する目的で規格が制定されています。テクノロジーの多くがそうであるように、マネジメントシステム規格の源流も軍事産業にあったということになります。

時代の変遷とともに、規格の中核となる主題も変遷します。当初は品質管理であり、その後は品質保証、次に品質システム、そして現在は一般的なマネジメントシステムの概念が確立され、ISO 9001 はその中の主要なテーマになったといえるでしょう。時代と社会の変化を受けて、規格自身も時間をかけて進化していきます。

第 2 章

標準化の歴史と認証制度の概要

　私たちは無意識のうちに、標準（＝規格）や標準化された
ものを利用して生活しています。標準や標準化という概念は、
ものの大量生産を可能にした産業革命以降に急速に広まりま
したが、その歴史は古く古代文明にまで遡ることができます。

　本章では標準化の起源と発展、標準化の進められ方、標準
の種類、マネジメントシステム規格を用いた認証制度とその
メリットの概要を理解しましょう。

標準化の起源

●「標準化」とは

標準（＝規格）とは、ルールや規則などの「決めごと」や「取り決め」のことをいいます。そして、その「標準」を関係者が集まって協議などを行い、それを共通して利用できるようにすることを**標準化**と呼びます。

●「標準化」の起源

「標準化」の概念がいつごろ、どのようにして誕生してきたのかについてはいくつかの見解があります。「標準」や「標準化」という概念は、人類が集団生活を営み、狩猟や農耕により生活を営むことを始めた紀元前の時代には既に自然発生的に芽生えていたと考えられます。その例としてピラミッドの建造があげられます。

この巨大なピラミッドの建造を可能にした背景には、少なくとも2つの「標準」の概念が使われていたといわれています。1つ目は、計測の基準となる単位を取り決めていたこと、2つ目は作業手順を規定し、決められた手順に従って作業を進めていくという今日の作業標準の源流といえる考え方が存在していたことがあげられます。このように文明の誕生期には既に、人々の集団活動の中に単位や作業を統一するという標準や標準化の起源を見ることができます。

図 2-1-1　身近な標準化の例

非常口のマーク
ISO 7010
ISO 6309

ネジ
ISO 68

カードのサイズ
ISO/IEC 7810

小さな政府とニューアプローチ

　ISO マネジメントシステム規格の普及は、1980 年代後半の欧州、特に英国での認証制度の基準として採用されたことがきっかけです。1980 年代の英国はサッチャー政権下では、政府部門の事業を民営化する政策、すなわち、小さな政府が進められていました。あわせて民営ベースの事業体の信頼性を社会に示す方法として、品質保証のしっかりしていることを第三者が認証する制度を立ち上げました。この認証制度の基準として採用されたのが国際規格の ISO 9001 でした。政府の制度にもかかわらず、英国法規で縛られない ISO 9001 が採用された理由は、当時の欧州の時代の変化がありました。

　同じ 1980 年代の欧州は経済統合を見据えてさまざまな試みが始まっていました。国境を越えてモノ・サービスを流通させるためには、これまで各国の法律によって定めていた規制を共通化させる必要がありました。しかし、各国の法律の規制内容を揃えることは、とてつもなく大変なことです。そこで、EU（当時は EC）は製品群ごとに基本的なことだけを定めた共通の規制（EC 指令）を定め、各国の法律はこれらの指令を採用するという方式に変更しました。製造業者などは、モノ・サービスが EC 指令を満たすことを実証すれば、簡素化された手続きで EU 内を流通できるようになったわけです。この方式は**ニューアプローチ**と呼ばれています。ところが、EC 指令は基本的な事項だけの規制のため、製造者が EC 指令を満たしていることを実証するには適していません。そこで、より詳細な基準が EC 指令を補足するという形で運用されています。これらの基準は ISO などの国際規格や欧州標準化委員会によって制定された規格（EN 規格）などが使われることになりました。これまで各国の法律によっていた規制は、各国政府の手を離れ、非政府系の機関が制定した規格・基準に委ねられたことになります。

　これが英国での ISO 9001 採用の背景です。当初は、政府の調達品にも ISO 9001 認証が求められました。そのため、多くの企業が認証を取り、それが次第に民間取引でも使われるようになりました。ISO 9001 の普及は、このような欧州の動向が背景にあったといえるでしょう。なお、この潮流の先に現在のグローバルスタンダード・グローバリゼーションがあることはいうまでもありません。

2-2 標準・規格の分類

●標準の分類（1）

「標準（＝規格）」の分類の一例として、地理的、政治上または経済上の水準から次の4つに分類することができます。

• 国際標準

「国際標準」は国際標準化機関で制定される標準です。代表的な国際標準化機関には、電気・電子・通信分野を除く幅広い分野の国際標準を制定している ISO（International Organization for Standardization ＝国際標準化機構）、電気・電子分野の国際標準を制定している IEC（International Electrotechnical Commission ＝国際電気標準会議）があります。

ちなみに、ISO は International Organization for Standardization の略称ですが、なぜ略称の文字順が「IOS」ではなく「ISO」なのかという疑問を持つ方がいると思います。これは、有力な説として、ギリシャ語の「ISOS（等しい、同等の）」が起源となっているためといわれています。

• 地域標準

「地域標準」は地域的な標準化機関によって制定される標準です。代表的な地域標準化機関としては、電気・通信分野を除くあらゆる分野の欧州標準（EN）を制定している CEN（European Committee for Standardization ＝欧州標準化委員会）、電気・電子分野の欧州標準を制定している CENELEC（European Committee for Electrotechnical Standardization ＝欧州電気標準化委員会）があります。

• 国家標準

「国家標準」は国家標準化機関が制定する標準であり、日本の場合、JISC（Japanese Industrial Standards Committee ＝日本産業標準調査会）が審議し、経済産業大臣などが制定している日本産業規格（JIS）が代表的です。海外には、BSI（British Standards Institution ＝英国規格協会）が制定する

英国標準（BS）、DIN（Deutsches Institut für Normung ＝ドイツ規格協会）
が制定する DIN 規格などがあります。

• 団体標準

「団体標準」は業界団体などが作成する標準で、日本に限らず世界的にさ
まざまな団体標準が作成されています。マネジメントシステム規格の分野で
有名なのは、世界トップクラスの自動車メーカーおよび自動車産業団体で構
成されている IATF（International Automotive Task Force ＝国際自動車
タスクフォース）によって策定された、IATF 16949（自動車産業のための
品質マネジメントシステムに関する国際規格）があげられます。

●標準の分類（2）

「標準（＝規格）」は、その合意形成プロセスの違いから、「デジュール標準」
「フォーラム標準」「デファクト標準」があります。

• デジュール標準

「デジュール標準」は、公的な標準化機関において、関係者間の投票など
の公正でオープンな手続きを経て制定される標準です。例えば、国際標準
化機構（ISO）や国際電気標準会議（IEC）などの機関が作成した国際標準、
国家標準化機関が作成した国家標準が該当します。

• フォーラム標準

「フォーラム標準」は、特定の標準の策定に関心を持つ複数の企業によっ
て自発的に組織された会議体で制定される標準です。標準化の手続きは、デ
ジュール標準のように公正でオープンな手続きを経ることが多いですが、標
準の策定に参加したい企業だけが参加するため、策定に要する期間が短い傾
向にあります。そのため、ハイテク産業のように変化の激しい分野では、デ
ジュール標準の制定を待つのではなく、フォーラム標準が策定され、その後
にデジュール標準として追認されることがあります。

• デファクト標準

「デファクト標準」は、個別企業などが独自に作成した標準が、市場競争
の結果、多くの人に受け入れられることで事後的に標準となったものをいい、
デジュール標準のようなプロセスを経ないで成立します。

2 -3 ISO（国際標準化機構）とは

●国際標準化機構とは

　前の単元で標準・規格の分類の１つに「国際標準」があり、その代表的な国際標準化機関として ISO（国際標準化機構）をあげました。

　ISO は、スイスのジュネーブに本部を置く非政府機関で、1947 年に 18 か国により発足しました。ISO には各国の国家標準化機関がメンバーとして参加を認められており、１か国１組織のみが加盟することができます。わが国からは JISC（日本産業標準調査会）が 1952 年に閣議了解に基づいて加盟しています。2020 年 5 月末現在、会員数は 164 か国にまで増え、作成された規格は、電気・通信および電子技術分野を除く全産業分野で 23,192 規格になります。これらの規格は一般的に TC（専門委員会、2018 年 12 月末現在で 249）や SC（分科委員会、同 504）が中心となって開発が進められています。

● ISO の目的

　ISO は、世界における標準化やそれに関連する活動の発展を促進することを目的としており、それにより次のことが期待されています。

- ・製品やサービスの国際的な取引の促進
- ・ビジネスプロセスの管理の改善
- ・社会的および環境的なベストプラクティスの普及
- ・知的、科学的、技術的、そして経済的な活動の分野での協力の発展

　製品やサービスの国際的な流通や、企業の海外進出の増加など、経済のグローバル化が進んでいる今日においては、一種の共通言語となり得る国際規格は欠かせません。また、地球規模での持続可能な発展、社会的課題の解決のためには、今後も ISO の果たす役割は大きいと考えられます。

● ISO が制定した規格

ISO によって制定された規格で身近な例としては、ねじ（ISO 68）やフィルム感度（ISO 5800）、非常口のマーク（ISO 7010）など、製品自体の規格があげられます。これとは別に、製品そのものではなく、組織の品質活動や環境活動を管理するための仕組み（マネジメントシステム）についても ISO 規格が制定されています。これらは**マネジメントシステム規格**と呼ばれ、後述する品質マネジメントシステム規格（ISO 9001）や環境マネジメントシステム規格（ISO 14001）などが該当します。つまり、「ISO マネジメントシステム規格」とは、"ISO が策定したマネジメントシステムに関する規格"ということになります。

図 2-3-1　ISO の組織図（概略）

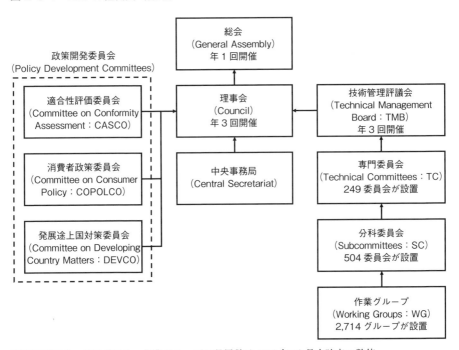

※専門委員会、分科委員会、作業グループの設置数は 2018 年 12 月末時点の数値。

2-4 国家標準と国際標準の関係はどうなっているの？

●日本の国家標準「JIS」

JIS（Japanese Industrial Standards ＝日本産業規格）※注は、日本の産業標準化の促進を目的とする産業標準化法（昭和 24 年法律第 185 号）に基づき制定される国家規格で、日本の食品・農林分野を除く産業製品に関する規格や測定法などが定められた日本の国家規格です。2020 年 3 月末現在、土木および建築、一般機械、ISO（国際標準化機構）では対象としていない電気・電子・通信分野、マネジメントシステムなどの分野で、合計 10,858 の規格が制定されています。この中には、ISO 規格を日本国内で円滑に使用するために翻訳された JIS 規格があれば、ISO 規格に拠らず日本独自で定めている JIS 規格もあります。なお、ISO 規格を翻訳した JIS 規格は、対応国際規格との整合の度合いを「IDT（一致）」、「MOD（修正）」または「NEQ（同等でない）」の区分で示されます。例えば、ISO 9001 を日本語に翻訳した JIS Q 9001 は ISO 9001 と「IDT（一致）」とされており、同一に扱われています。

●国際標準と国家標準の整合化

現在のように経済のグローバル化が進んだ状況では、国毎に規格が異なっていては流通の自由が阻害され、非関税障壁の 1 つとなります。そこで、各国の異なる規格や適合性評価手続き（規格・基準認証制度）が貿易の技術的障害（Technical Barriers to Trade）とならないような仕組みが必要となり、1995 年に WTO/TBT 協定が締結されました。WTO/TBT 協定では、各国の強制法規、任意規格の作成に当たって、国際規格が存在する場合またはその仕上がりが目前であるときはそれを基礎とすること、透明性を確保するため、各国の強制法規当局や標準化機関は、基準の内容を WTO 事務局に通知し、加盟国からのコメントを受付けること（コメント受付期間は、通常最低

※注：2019 年 7 月 1 日の工業標準化法の改正によって、「工業標準化法」は「産業標準化法」、「日本工業規格」は「日本産業規格」へと名称が変更になりました。

でも 60 日の確保が求められる）などを加盟国に義務付けています。これにより、各国の国家規格は国際規格との整合性が図られるようになりました。

表 2-4-1　国家規格と対応国際規格との対応の程度

整合の度合い	略号	説明
一致 (identical)	IDT	次の条件の場合、国家規格は国際規格に対して一致している。 a) 国家規格が、技術的内容、構成および文言に関して一致している。または b) 国家規格が、最小限の編集上の変更が含まれるが、技術的内容および構成に関して一致している。
修正 (modified)	MOD	次の条件の場合、国家規格は、国際規格に対する修正となる。 a) 技術的差異があるが、それらが明確に識別され、かつ、説明されている、および b) 国家規格は、国際規格の構成を反映している、または、構成が変更されている場合でも、両規格の内容と構成を簡単に比較できる。
同等でない (not equivalent)	NEQ	次の条件の場合、国家規格は、国際規格と同等ではない。 ・技術的内容および構成において同等ではなく、変更点が明確に識別されていない。

2-5 ISO 規格が発行されるまで

● ISO における規格発行プロセス

　ISO 規格は、各分野の要望に応える形で規格の開発が行われ、通常次の 6 つの段階を踏んで、36 か月以内に国際規格の最終案がまとめられることとなっています（図 2-5-1）。

● Fast-track 制度

　技術革新のスピードアップに対応し、タイムリーな国際規格の策定を可能にするため、**迅速手続き**（Fast-track procedure）という制度が導入されています。これは、ある国で一定の実績のある規格が TC または SC の幹事や P メンバーまたは A リエゾン機関から国際規格提案された場合や、ISO と提携関係のある国際的標準化機関から国際規格提案された場合には、第 1 段階（提案段階）を実施し、条件を満たせば第 2 段階（作成段階）と第 3 段階（委員会段階）の手続を省いて DIS 登録されます。特に、国際的標準化機関である ECMA［欧州コンピュータ工業会］や ITU などから ISO 事務総長に国際規格提案された場合には、第 1 段階（提案段階）を実施し条件を満たせば、DIS ではなく FDIS として登録されます。

表 2-5-1　TC または SC の参加の地位

地位	権利・義務
P メンバー	TC または SC の業務に積極的に参加し、すべての投票に対する投票義務を有するメンバー
O メンバー	TC または SC の会議への出席とコメントの提出、そのための文書の配布を受ける権利を有するメンバー

図 2-5-1　一般的な IS 発行の流れ

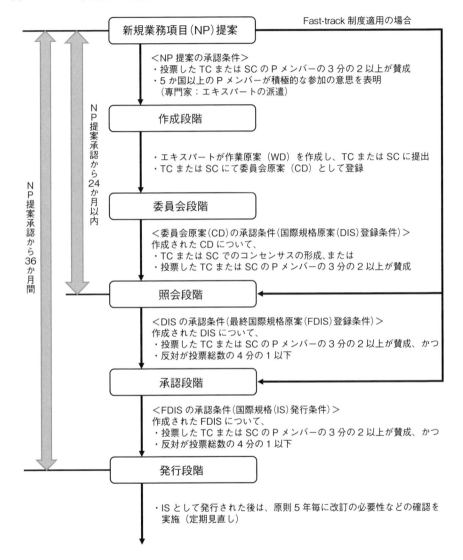

Fast-track 制度適用の場合

新規業務項目（NP）提案

<NP 提案の承認条件>
・投票した TC または SC の P メンバーの 3 分の 2 以上が賛成
・5 か国以上の P メンバーが積極的な参加の意思を表明
　（専門家：エキスパートの派遣）

作成段階

・エキスパートが作業原案（WD）を作成し、TC または SC に提出
・TC または SC にて委員会原案（CD）として登録

委員会段階

<委員会原案（CD）の承認条件（国際規格原案（DIS）登録条件）>
作成された CD について、
・TC または SC でのコンセンサスの形成、または
・投票した TC または SC の P メンバーの 3 分の 2 以上が賛成

照会段階

<DIS の承認条件（最終国際規格原案（FDIS）登録条件）>
作成された DIS について、
・投票した TC または SC の P メンバーの 3 分の 2 以上が賛成、かつ
・反対が投票総数の 4 分の 1 以下

承認段階

<FDIS の承認条件（国際規格（IS）発行条件）>
作成された FDIS について、
・投票した TC または SC の P メンバーの 3 分の 2 以上が賛成、かつ
・反対が投票総数の 4 分の 1 以下

発行段階

・IS として発行された後は、原則 5 年毎に改訂の必要性などの確認を
　実施（定期見直し）

NP 提案承認から 36 か月間

NP 提案承認から 24 か月以内

表 2-5-2　IS 発行までの段階

第 1 段階：提案段階	・加盟機関、TC または SC の幹事などにより新たな規格の開発が提案（New work item proposal：NP 提案） ・中央事務局が各国に対し提案の賛否を問うための投票を実施（投票の期間は 12 週間）
第 2 段階：作成段階	・NP 提案が承認されたものについて、TC または SC では、必要に応じて WG（Working Group：WG）を設置し、作業原案（Working Draft：WD）策定にあたるメンバーを任命 ・WG において作業原案の作成を検討・実施し、TC または SC に WD を提出
第 3 段階：委員会段階	・WD は委員会原案（Committee Draft：CD）として登録され、TC または SC の P メンバーおよび O メンバーにコメント募集のために回付（コメント募集の期間は 8、12、16 週間のいずれか） ・提出されたコメントを踏まえて CD を検討・修正し、あらためて P メンバーに回付 ・TC または SC の P メンバーのコンセンサスが得られれば、CD は国際規格原案（Draft International Standard：DIS）として登録（登録までの期間は NP 承認から 24 か月以内）
第 4 段階：照会段階	・中央事務局が DIS を投票のため TC/SC メンバーだけでなく、すべてのメンバー国に回付（投票の期間は 12 週間（＝ 3 か月）） ・承認の条件を満たし、技術的な変更もなければ国際規格（International Standard：IS）として発行 ・承認の条件を満たすが、技術的な変更がある場合は、変更を反映して最終国際規格案（Final Draft International Standard：FDIS）として登録 ・承認の条件を満たさなかった場合、改定版の DIS が作成され、再投票またはコメント募集のためにすべてのメンバー国に回付
第 5 段階：承認段階	・中央事務局が FDIS を投票のためすべてのメンバー国に回付（投票の期間は 8 週間（＝ 2 か月））・承認の条件を満たせば IS として成立
第 6 段階：発行段階	・FDIS 承認後、正式な IS として発行

マネジメントシステム
認証制度とは

●マネジメントシステム認証制度

　ISO 9001 などの ISO マネジメントシステム規格には**要求事項**と呼ばれる基準が定められています。**マネジメントシステム認証制度**とは、組織がこの基準を満たしているかどうかを、その組織と利害関係のない認証機関が審査し、基準を満たしていれば、組織に対して認証文書（登録証）を発行するとともに、求めに応じて社会一般に公開するものです。

　信頼できる認証機関が審査をしないと、ISO が素晴らしい規格を作成してもその認証の信頼性は確保されません。そこで、ISO では認証機関が遵守すべき基準を国際規格（例：ISO/IEC 17021-1（適合性評価—マネジメントシステムの審査および認証を行う機関に対する要求事項—第 1 部：要求事項））として制定し、認証機関がこの基準を満たして審査活動を行うことによって、認証の信頼性を確保する仕組みとなっています。また、認証機関がこの基準を満たして審査活動を行っているかどうかを確認し認定する機関があります。日本には公益財団法人日本適合性認定協会（JAB）と一般社団法人情報マネジメントシステム認定センター (ISMS-AC) の 2 つの認定機関があり、認証機関はこれらの認定機関から認定を得て認証を行っています。認定機関は各認証機関の事務所の立入りや実際の審査の現場に立会い、国際規格に従って審査活動を行っているかどうかの確認を行います。

●マネジメントシステム認証制度の国際的な同等性

　マネジメントシステム認証制度は世界各国で運営されており、また、認定機関も同様に各国に存在し、日本と同様の認定制度があります。認証機関は日本国内だけでも約 50 機関あり、海外でも同様に 1 つの国に複数の認証機関が存在していますが、認定機関は、原則、1 つの国に 1 つとする運用が行われています。

　こうした状況において、各国が独自にマネジメントシステム認証制度を運

営した場合、海外に商品を流通させたい組織や海外進出を考えている組織は、それぞれの国でマネジメントシステムの認証を求められることになりかねません。そこで、各国の認定機関からなるIAF（国際認定機関フォーラム）では、IAF国際相互承認の制度を運用することで、組織が重複して認証を取得することを回避しています。この制度は、加盟している認定機関同士が国際規格（ISO/IEC 17011（適合性評価−適合性評価機関の認定を行う機関に対する要求事項））に基づいた評価を相互に行い、加盟する認定機関が国際規格を満たしていることを定期的に確認する制度です。この制度に参加する認定機関は同等の認定を行うことになるため、これらの認定機関から認定を受けた認証機関の認証も同等と見なされます。これにより、相互承認された認定機関の国同士であれば、お互いの国の認証が通用することになり、組織は重複して認証を取得することが回避されます。

　IAFには世界の各国・地域から80を超える認定機関が参加しており、日本からはJAB、ISMS-ACがメンバーとして参加しています。

図2-6-1　マネジメントシステム認証制度の国際的な同等性のイメージ

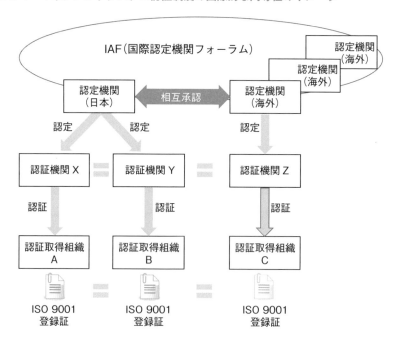

第 3 章

マネジメントシステム規格の共通要素

　マネジメントシステム規格には、ISO 9001、ISO 14001、ISO/IEC 27001、ISO 45001 などさまざまな規格が存在します。従来、これらの規格は審議する委員会の違いや制定の時期の違いから、規格の章立てや要求事項、用語などがそれぞれ異なっており、複数のマネジメントシステム規格を運用する組織にとっては扱いづらいという問題がありました。そこで、マネジメントシステム規格間の整合性を高め、マネジメントシステムの有効運用を意図して誕生したのが共通要素です。本章ではマネジメントシステム規格に採用されている「共通要素」についての概要を理解しましょう。

3 -1 マネジメントシステム規格の フレームワーク

●さまざまなマネジメントシステム規格

　事業活動で配慮すべき事柄や社会・業界からの要請に組織が応えるマネジメントの必要性から、さまざまな種類のマネジメントシステム規格が誕生してきました（図3-1-1）。それぞれのマネジメントシステム規格には、規格が意図する目的・狙いがあります。例えば、品質系マネジメントシステムでは要求事項を満たした製品・サービスを提供することであり、環境系マネジメントシステムでは有害な環境影響を防止・緩和することを狙っています。組織はマネジメントシステム規格に定める要求事項を満たしながら、組織の目的や目標を達成するためにPDCAサイクルを回していきます。各規格のテーマや特徴は、第6章以降に後述します。

●これまでのマネジメントシステム規格

　マネジメントシステム規格には、多くの種類があることを説明しました。これまでのマネジメントシステム規格は、種類ごとに章立てや使用される用語が異なっており、マネジメントシステムを運用する組織にとって混乱をきたすケースがありました。

　例えば、2008年版のISO 9001では、1章から8章の構成となっており、組織が適用しなければならない実際の要求事項は、4章から8章に分かれています。一方、2004年版のISO 14001では、1章から4章の構成となっており、要求事項は、4章にすべて集約されています（表3-1-1）。

　このように、1つのマネジメントシステム規格だけを運用する組織にとっては問題ありませんが、複数のマネジメントシステム規格を運用する組織にとって、章立てや用語の違いは規格を理解し運用するうえでの障害となっていました。この状況に対し、ISOでは規格構造の標準化を行うことにより、規格間の違いを最小限にし、共通化を高めようとする動きが起こりました。ISO委員会は2012年以降に発行・改定するすべてのマネジメントシステム

規格は、基本的な構造の下で策定することを義務付けることとしました。この基本的な構造として採用されたのが「共通要素」です。

図3-1-1　さまざまなマネジメントシステム規格

品質系 MS	環境系 MS	安全系 MS	情報系 MS	事業継続 MS
ISO 9001 IATF 16949 ISO 13485	ISO 14001 ISO 50001	ISO 45001 ISO 39001	ISO/IEC 27001 ISO/IEC 27017	ISO 22301

表3-1-1　ISO 9001:2008 と ISO 14001:2004 の構成（一部抜粋）

ISO 9001:2008		ISO 14001:2004	
1章　適用範囲 2章　引用規格 3章　用語及び定義 4章　品質マネジメントシステム 4.1　一般要求事項 4.2　文書化に関する要求事項 5章　経営者の責任 5.1　経営者のコミットメント 5.2　顧客重視 5.3　品質方針 5.4　計画 5.5　責任，権限及びコミュニケーション 5.6　マネジメントレビュー 6章　資源の運用管理 6.1　資源の提供 6.2　人的資源 6.3　インフラストラクチャー 6.4　作業環境	7章　製品実現 7.1　製品実現の計画 7.2　顧客関連のプロセス 7.3　設計・開発 7.4　購買 7.5　製造及びサービス提供 7.6　監視機器及び測定機器の管理 8章　測定，分析及び改善 8.1　一般 8.2　監視及び測定 8.3　不適合製品の管理 8.4　データの分析 8.5　改善	1章　適用範囲 2章　引用規格 3章　用語及び定義 4章　環境マネジメントシステム要求事項 4.1　一般要求事項 4.2　環境方針 4.3　計画 4.3.1　環境側面 4.3.2　法的及びその他の要求事項 4.3.3　目的，目標及び実施計画 4.4　実施及び運用 4.4.1　資源，役割，責任及び権限 4.4.2　力量，教育訓練及び自覚 4.4.3　コミュニケーション 4.4.4　文書類 4.4.5　文書管理 4.4.6　運用管理 4.4.7　緊急事態への準備及び対応	4.5　点検 4.5.1　監視及び測定 4.5.2　順守評価 4.5.3　不適合並びに是正処置及び予防処置 4.5.4　記録の管理 4.5.5　内部監査 4.6　マネジメントレビュー

3 -2 共通要素とは

●共通要素とは

　マネジメントシステム規格ごとに異なっていた章立てや用語が、共通の構造や用語にシフトしていきました。このとき採用されたのが共通要素です。

　共通要素は、共通構造（HLS）、共通テキスト（要求事項）、共通の用語の定義の3つから成り立っています。共通要素とISO 9001やISO 14001などの各種マネジメントシステム規格の関係性は、樹木の幹と枝葉に例えられます。幹である共通要素は、共通構造・共通テキスト・用語の定義を表し、枝葉として、各規格固有の要求事項が付加されるイメージとなります。

図 3-2-1　共通要素のイメージ

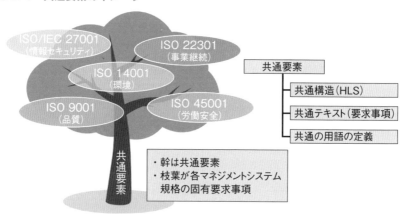

• 共通構造（HLS）

　表3-2-1、表3-2-2に示すように、ISO 9001/ISO 14001は、同じ10章立てとなり、両規格の構造の整合性が図られました。この規格構造を共通構造（HLS）と呼びます。各章のタイトルは同じ（＝幹）になりましたが、章の中の項目（＝枝葉）については、ISO 9001/ISO 14001それぞれの特徴のある項目が含まれていることがわかります。

　このように共通の構造の採用は、各マネジメントシステム規格間の両立性

表 3-2-1　ISO 9001:2015 の構成（一部抜粋）

1 章　適用範囲	7 章　支援
2 章　引用規格	7.1　資源
3 章　用語及び定義	7.2　力量
4 章　組織の状況	7.3　認識
4.1　組織及びその状況の理解	7.4　コミュニケーション
4.2　利害関係者のニーズ及び期待の理解	7.5　文書化した情報
4.3　品質マネジメントシステムの適用範囲の決定	8 章　運　用
4.4　品質マネジメントシステム及びそのプロセス	8.1　運用の計画及び管理
5 章　リーダーシップ	8.2　製品及びサービスに関する要求事項
5.1　リーダーシップ及びコミットメント	8.3　製品及びサービスの設計・開発
5.2　方針	8.4　外部から提供されるプロセス、製品及びサービスの管理
5.3　組織の役割，責任及び権限	8.5 製品及びサービス提供
6 章　計画	8.6　製品及びサービスのリリース
6.1　リスク及び機会への取り組み	8.7　不適合なアウトプットの管理
6.2　品質目標及びそれを達成するための計画策定	9 章　パフォーマンス評価
6.3　変更の計画	9.1　監視，測定，分析及び評価
	9.2　内部監査
	9.3　マネジメントレビュー
	10　改善
	10.1　一般
	10.2　不適合及び是正処置
	10.3　継続的改善

表 3-2-2　ISO 14001:2015 の構成（一部抜粋）

1 章　適用範囲	7 章　支援
2 章　引用規格	7.1　資源
3 章　用語及び定義	7.2　力量
4 章　組織の状況	7.3　認識
4.1　組織及びその状況の理解	7.4　コミュニケーション
4.2　利害関係者のニーズ及び期待の理解	7.4.1　一般
4.3　環境マネジメントシステムの適用範囲の決定	7.4.2　内部コミュニケーション
	7.4.3　外部コミュニケーション
4.4　環境マネジメントシステム	7.5　文書化した情報
5 章　リーダーシップ	7.5.1　一般
5.1　リーダーシップ及びコミットメント	7.5.2　作成及び更新
5.2　環境方針	7.5.3　文書化した情報の管理
5.3　組織の役割，責任及び権限	8 章　運用
6 章　計画	8.1　運用の計画及び管理
6.1　リスク及び機会への取り組み	8.2　緊急事態への準備及び対応
6.1.1　一般	9 章　パフォーマンス評価
6.1.2　環境側面	9.1　監視，測定，分析及び評価
6.1.3　順守義務	9.1.1　一般
6.1.4　取り組みの計画策定	9.1.2　順守評価
6.2　環境目標及びそれを達成するための計画策定	9.2　内部監査
6.2.1　環境目標	9.3　マネジメントレビュー
6.2.2　環境目標を達成するための取り組みの計画策定	10 章　改善
	10.1　一般
	10.2　不適合及び是正処置
	10.3　継続的改善

が高まるだけではなく、組織のマネジメントシステム構造の一貫性や整合性が向上することで、複数のマネジメントシステムを採用する組織の利便性や利用価値を高める効果があります。

- 共通テキスト（要求事項）

規格の各章には、中核となる要求事項が共通テキストとしてあらかじめ定められています。**共通テキスト**とは、すべてのマネジメントシステム規格に必須となる基本的な要求事項であり、各マネジメントシステム規格に固有の要求事項は共通テキストの要求事項や用語の意図と矛盾しないように使用することが義務付けされています。以下に4章から10章の共通テキストの概要について解説します。

4章（組織の状況）では、組織が構築し運用するマネジメントシステムが、その意図した成果（マネジメントシステム運用の成果）を得るために、組織内外の課題・利害関係者のニーズを整理し、適用範囲を決定することを求めています。5章（リーダーシップ）では、マネジメントシステムの運用におけるトップマネジメントのコミットメントの重要性・役割を要求しています。6章（計画）では、リスクおよび機会の決定とリスクなどに対する計画立案

図 3-2-2　各章と PDCA の関係

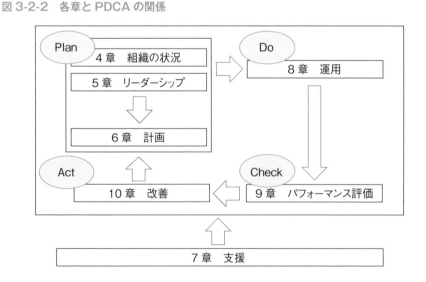

が要求されています。また、計画には目的の確立と達成計画を含むとしています。7章（支援）は、要員の力量、認識と内部・外部のコミュニケーションに関する共通の要求事項です。8章（運用）は、マネジメントシステム運用にあたっての計画および管理の枠組みに関する要求事項です。

　9章（パフォーマンス評価）では、さまざまなパフォーマンスの監視、測定、分析、評価を通して、計画の達成状況やマネジメントシステムの有効性を判断することを要求しています。内部監査やマネジメントレビューもここに含まれます。10章（改善）は、是正処置を含む改善のプロセスの要求事項です。これらは、それぞれが独立しているのではなく、図3-2-2のように互いに関連し合っており、全体を通じてPDCAサイクルを形成しています。

● 共通の用語

　マネジメントシステム規格を運用する際に、用語の定義を理解することは大事ですが、用語を正しく理解するには前後の文脈の中でどのような使われ方をしているかが重要です。実際の規格要求事項を確認する中で用語を理解することをおすすめします。

図 3-2-3　共通の用語の一覧

💡 PDCA サイクル

　ISO マネジメントシステム規格で採用している目標達成プロセスの具体的な考え方は PDCA サイクルに現れています。PDCA サイクルは継続的な改善活動を表し、プラン：計画（P）、ドゥー：実施（D）、チェック：評価（C）、アクト：改善（A）の頭文字をとったものです。また、アクトは次のプランにつなげることから、**PDCA サイクル**と呼ばれています。

　PDCA サイクルでは、目標達成には段階があり、最終目標の達成には、これに至るひとつひとつの目標を達成していかねばならない、という考え方が根底にあります。また、目標が達成できない、あるいは達成に不足な点があることを織り込んでおり、P と D だけではなく、C と A が伴わなければならない、という考え方がベースとなっています。ISO マネジメントシステム規格での継続的改善は、この PDCA の考え方を採用しています。

　PDCA サイクルでは、「C：評価」が最も重要なステップです。「評価」の結果によって、「改善」や次の「計画」が変わる、いわば目標達成に向けた分岐点です。「評価」を効果的に行うためには、「計画」の立て方、「実施」の仕方が関わってきます。「計画」では、あらかじめ評価の基準となる指標を定めておく、「実施」では、単なる実行結果ではなく、その結果に至ったプロセスの記録を残しておく、などが重要となります。

PDCA サイクル

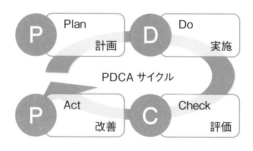

組織の状況

●組織を取り巻く状況の理解とは

　マネジメントシステムを構築・運用していく際に、まず初めに取り掛かることが、組織を取り巻く状況を理解することです。大きく分けて4つに分類されます。①「組織の内部・外部の課題を決定する」②「利害関係者のニーズと期待を決定する」③「マネジメントシステムの適用範囲を決定する」④「マネジメントシステムを確立・実施・維持し継続的に改善する」です。

　規格の文面は表現が固く、どうしても難しく考えがちですが、組織の事業目的や経営方針などを念頭において、組織の実態に沿って考えることで、ムリのない効率のよいマネジメントシステムの運営が可能になります。

図 3-3-1　組織の状況の理解と適用範囲決定のイメージ

```
┌─────────────────────────────────────────────┐
│            組織や組織を取り巻く状況              │
│  組織の目的?              マネジメントシステムに  │
│                            期待する結果や狙い?    │
│     外部の課題?                                 │
│  関連する利害関係者の要求事項?      内部の課題?   │
└─────────────────────────────────────────────┘
                    ⬇
┌─────────────────────────────────────────────┐
│ XXX マネジメントシステムの適用範囲(境界/適用可能性)の決定 │
└─────────────────────────────────────────────┘
                    ⬇
┌─────────────────────────────────────────────┐
│ XXX マネジメントシステムの確立・実施・維持・継続的改善  │
│ (必要なプロセス/それらの相互作用を含む)           │
└─────────────────────────────────────────────┘
```

　①「組織の内部・外部の課題を決定する」

　経営層や経営幹部の懸案事項を中心に取り上げます。経営レベルで3か年計画や年度計画を策定する際には、これらのことが考慮されています。ISO専用（ISO審査のため）の内部・外部の課題を決定するのではないことに留意しましょう。

　内部・外部の課題については、ISO 9001 は規格の 4.1 項注記、ISO 14001

であれば付属書 A.4.1 に考え方や例がありますので参考になります。

②「利害関係者のニーズと期待を決定する」

利害関係者とは、組織にとっての物事の決定や活動に影響を与えたり受けたりする個人や組織を指します。事業運営はさまざまな人や組織と関わりながら行われますので、そのような利害関係者のニーズと期待を捉えることが重要になります。ISO 9001 では付属書 A.3、ISO 14001 であれば付属書 A 4.2 に利害関係者のニーズおよび期待の考え方が記載されています。

表 3-3-1　内部・外部の課題と利害関係者のニーズ・期待の例

目的・狙い	売上・利益の確保　顧客満足向上
内部の課題	手狭な工場　人手不足　新卒採用難 業務や技術が人に依存　技術伝承 自社開発製品が少ない　…
外部の課題	顧客ニーズの多様化　円高　海外生産シフト 業界内での競争激化　材料品の高騰　…
利害関係者	顧客　株主　社員　業界団体　監督官庁　…
利害関係舎の ニーズ・期待	QCD への期待　安定した経営 働きやすい職場づくり　法規制の遵守　…

図 3-3-2　適用範囲の見直し例

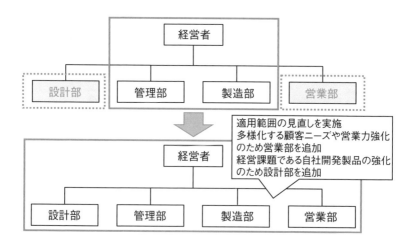

③「マネジメントシステムの適用範囲を決定する」

　上記内容を踏まえて、マネジメントシステムの適用範囲を決定します。適用したい主要な事業や製品を軸に、これらを担う部門・部署を含めるなど、組織の実態に沿って決めるのが一般的です。適用範囲の決定にはいくつかの視点があり、これらも踏まえて検討します。

　　（a）「組織の範囲」：対象となる組織とそこに属する人
　　（b）「対象製品・活動の範囲」：扱う製品や活動
　　（c）「物理的境界の範囲」：敷地や建物・工場

④「マネジメントシステムを確立・実施・維持し継続的に改善する」

　①〜③の内容については、一度の決定で終わるわけではなく、組織を取り巻く状況が変わったり、経営課題が変わったり、あるいは、製品や活動、工場・営業所が変更されれば、①〜③までをその都度見直して、マネジメントシステムを常に組織の状況に合わせることが運用のポイントです（図3-3-2）。

●マネジメントシステムの運用の狙いとは

　前のセクションで、マネジメントシステムの構築・運用にあたっては、組織を取り巻く状況を把握し、どのような範囲に適用するかを決定すると説明しました。では、何のための把握や決定でしょうか。これらを考える際には、そもそもの狙いをハッキリさせておくことが大事です。マネジメントシステムを運用することで、組織として何を目指したいのか？実現したいことは何か？を十分に検討することが構築するうえで重要となります。

　マネジメントシステムの運用の結果、すなわち目指すべきゴールをISO規格では**意図した結果**と呼びます。意図した結果が十分に定まっていないままマネジメントシステム活動を行うと、時間の経過とともに、どこを目指していたのかわからなくなり、ゴールの達成が遠のいてしまいます。意図した結果はマネジメントシステムにとって不変のものではなく、組織の経営方針や状況、外部環境の変化によって変わり得るものです。目指すべきゴールを組織一丸となって共有し、目指していくことが、効果的なマネジメントシステムの構築・運用への近道となります。

3-4 リーダーシップ

●トップマネジメントのリーダーシップとは

効果的なマネジメントシステムを運営するためには、中心となり指揮する人や立場が必要です。規格ではこれを**トップマネジメント**と呼びます。トップマネジメントとは、「最高位で組織を指揮し管理する個人またはグループ」（ISO 9000:2015 3.1.1）と定義されます。例えば、マネジメントシステムを運営する範囲が全社であれば社長、工場単位であれば工場長、事業本部であれば事業本部長となることが一般的です。複数人で役割を担うケースもあります[注1]。

規格を上手に活用している組織の共通項の1つに、トップマネジメントの強い関与があります。規格では、コミットメント（マネジメントシステムの構築・実施に対する深い関与や献身）として、以下に述べる具体的な要求事項が指定されています。マネジメントシステムを事業と一体化させ効果を出していくためには、トップマネジメント自らがリーダーシップとコミットメントを発揮し、管理職層やISO事務局を支援することも欠かせません。規格では要求事項という形で受身的ですが、見方を変えるとトップマネジメントが使えるマネジメントツールであるともいえます。

●トップマネジメントの役割とは

トップマネジメントが自ら実施すべき事項と指示し実施させてもよい事項（◎）に分かれています[注2]。もちろん、実業務を部下などに任せたとしても、最終的な説明責任はトップマネジメントにあります。

※注1：組織により異なる場合があります。
※注2：トップマネジメントがやるべきことは、5.1節に記載されています。

図 3-4-1　トップマネジメントの役割

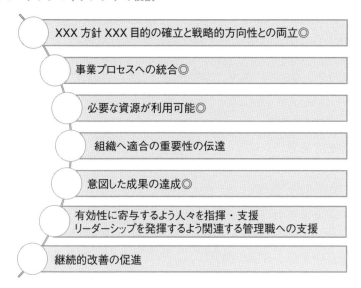

●方針とは

　マネジメントシステムを運用し、成果を出していくうえで、組織の向かう方向を示す必要があります。それが**方針**です（品質方針、環境方針、情報セキュリティ方針）。トップマネジメントが方針を示すことにより、課題の解

図 3-4-2　XXX 方針策定の流れ

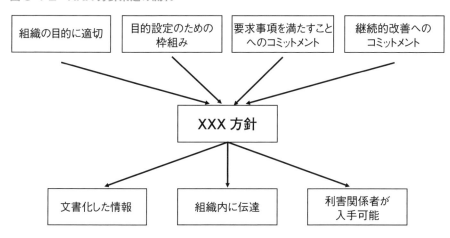

45

決や目標の達成という意思を組織内外に表明することができます※注。

　方針の作成にあたっては、経営理念や経営方針などの上位方針を補強・補完し、方針から目的・目標への展開が容易な形で設定できること、そして、継続的改善へのコミットメントも含んでいることが求められています。方針の制定後は、組織内に伝達され、理解され、方針に基づいた行動が取れるようにすることがさらに大事です。また、関心ある利害関係者が必要に応じてアクセスできることも求められています。会社パンフレットやホームページに方針が掲載されている場合などは、適した方法といえるでしょう。

●責任と権限の明確化

　マネジメントシステムは、ISO事務局の努力だけで円滑に運営できるのでしょうか。効果的な運用を行うには、誰かに任せっきりにするのではなく、組織や従業員の責任と権限を明確にし、それぞれの従業員が理解することによって初めて成り立ちます。従業員は自らの責任と権限を理解するだけではなく、他部署の責任と権限も含め、組織内の体系や全体像を理解することも必要です。責任・権限を組織内に伝達させることはトップマネジメントの責務でもあります。責任・権限は職務分掌に関する規定や組織図で定めるケースが一般的です。

図3-4-3　各階層における責任・権限のイメージ

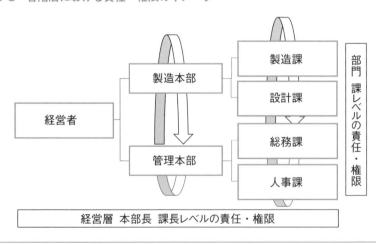

※注：そのため5.2節の規格文の主語は、「トップマネジメントは、…」となっています。

●責任と権限の割り当て

　トップマネジメントは特定の役割に責任者を割り当てることが求められています。割り当てられた責任者は、活動の成果や状況をトップマネジメントに報告することになります。

　ISO 推進担当者のみがマネジメントシステム運営実務を担い、その結果、ISO 活動の形骸化につながる例が多くあります。本来業務の責任権限とマネジメントシステム運営の責任権限を同じ仕組みにすることが、事業活動とマネジメントシステムの統合のポイントです。

表 3-4-1　責任・権限の割り当ての例

職位・部署	役割、責任と権限
社長	中期事業計画および事業戦略の策定 ××方針、××計画の決定、進捗管理、実施評価 必要な資源の配分 〜〜の実施
ISO 責任者	××MS の確立、実施および維持を確実にする 〜見直し、改善に必要〜の実施状況を××長に報告する
○○部門長	部門の業務計画策定および進捗管理 　：

⚠️ 経営者のリーダーシップとコミットメント

　ISO マネジメントシステム規格に経営者層（トップマネジメント）に関する要求事項があることは、マネジメントを取り扱う以上当然のことと思われます。規格にはトップマネジメントが責任を持って行わなくてはならない項目が 10 項目に及んでいます。その中でも代表的な項目が以下の 5 点です。

1. トップマネジメントはマネジメントシステムが有効であることについて説明責任がある。
2. 組織の状況と事業戦略を踏まえた方針・目標を確立する。
3. マネジメントシステムの運営に必要な資源を準備し、利用できるようにする。
4. マネジメントシステムによって期待する結果が出せるようにする。
5. 人々の積極的な参加を促し、指揮し、支援する。

　それぞれについて、経営者であればあたりまえの事柄のように見えますが、ISO の要求事項を深く考えると、その実践は容易ではありません。例えば、説明責任の項は、マネジメントシステムの運営を部下の誰かに任せていると、説明責任に疑義が生じます。部下に任せてもよいのですが、部下へ指示や報告を受けることを定常的に行うことにより、システムが有効であるかを把握しなくては説明責任を果たせません。さらに、有効である状態とは何かについて、経営者としての考えを持っていないと説明責任以前の問題となります。

　このように、ISO 規格の文章は短くまとまっており、さらりと読んでしまえるのですが、その意味するところを厳密に分解していくと奥深いものがあります。先に例としてあげた「有効である」などはその典型例です。有効性についての定義はありますが、この項で使われる有効性とは何かの説明はありません。それぞれの組織、経営者がマネジメントシステムをどのように運営して、どのような結果を出したいのか、あるいは、社員や自組織の利害関係者がマネジメントシステムに対してどのような認識を持ち、どのような期待を抱いているのかによって有効性の判断基準は変わります。マネジメントは一律ではなく、組織それぞれが考えなくてはならないものです。この要求事項に対する解釈・対応の柔軟性が ISO マネジメントシステム規格の優れた点ともいえます。

3-5 計画

●リスクと機会とは

　組織を取り巻く環境は常に変化し、組織にとってよい局面、悪い局面とさまざまです。組織が変化する事業環境に柔軟に対応し、狙った結果を目指していくには、あらかじめ起こりうる事態を想定し対策を打つことが肝要です。この考え方の基になるのがリスクと機会です。ISO マネジメントシステム規格には、この考え方が盛り込まれています。

　リスクとは、「不確かさの影響」（ISO 9000:2015 3.7.9）と定義され、ある目標に対するバラツキを意味します。例えば、キャンペーンの応募であれば、想定よりも多く応募が集まってしまう（プラス方向のバラツキ）ことや、予想外に応募数が集まらない（マイナス方向のバラツキ）場合もあります。

　一方、**機会**についての用語の定義はありませんが、ISO 9001:2015 序文には、「機会は、意図した結果を達成するための好ましい状況、例えば、組織が顧客を引き付け、新たな製品およびサービスを開発し、…」とあり、何かを実行するのに丁度よいタイミングと理解するとよいでしょう。

　リスクと機会に関しては、規格の解釈などでさまざまな議論がなされると

図 3-5-1　リスクと機会のイメージ

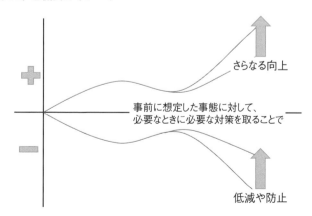

事前に想定した事態に対して、
必要なときに必要な対策を取ることで

さらなる向上

低減や防止

ころでもあり、マネジメントシステムを実際に運用していく際においても、「リスク」「機会」の用語の定義の議論や、コレは"リスク"、アレは"機会"と厳密に分類するといった細かな点に気をとられてしまいがちです。実際の運用においては、事前に想定した事態に対してベストなタイミングで必要な対策をとることで、よいことはさらによく、悪いことはなるべく少なくするという規格の意図を捉えることによって、柔軟な対応が可能になります。

●リスクと機会の決定と取り組み計画

　組織が行うこととして、①取り組む必要のあるリスクおよび機会を決定すること②リスクおよび機会への取り組みを計画することが規格で要求されています。

　図3-5-2にある計画の策定段階で、取り組む必要のあるリスクおよび機会を決定します。その際には内外の課題や利害関係者の要求事項を考慮します。

　なお、規格では、「考慮する」と「考慮に入れる」を使い分けています。

図3-5-2　リスクと機会の決定と取り組み策定までの流れ

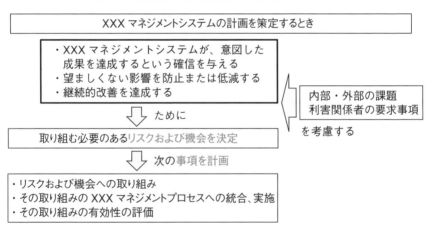

　原文を読むことで規格の意味を捉えやすくなるといわれています。「考慮する（consider）」は、考える必要があるが採用をしなくてもよく、「考慮に入れる（take into account）」は、考えかつ採用するという意味です。リスクと機会の決定における内外の課題や利害関係者の要求事項については、考える必要はあるが、必ずしも取り入れる必要はない、というレベルになります。

表 3-5-1　考慮に関する用語の違い

"consider"	考慮する	考える必要があるが、不採用にできる
"take into account"	考慮に入れる	考える必要があり、不採用にできない (付属書 A.3)

●計画とは

　リスクおよび機会を決定した後、実際に取り組むための計画を策定します。また、マネジメントシステムへの組み込みの仕方と実施の手段、実施後の有効性の評価方法についても計画に含めます。

　具体的な例で説明します。ISO 9001 を取得しているレストランで考えてみましょう。このレストランの ISO 9001 運用の狙い（意図した成果）は、「顧客満足度の向上」と「売上アップ」です。このレストランの事業環境ですが、有名店で修業したシェフが評判のよい料理を振舞い、現在はディナータイムのみ営業しています。オフィス街に立地し、近隣には学校もあるため、店舗のある街路には若い人からお年寄りまで幅広い年齢層が行き来しています。

　オーナーシェフとスタッフで話し合い、さまざまなリスクと機会があげられました。オーナーシェフにはすべてを取り組みたい思いはありましたが、費用や時間、人的リソースを考えるとすべて対応することは難しく、意図した成果の達成に必要な取り組むべきリスクと機会を優先付けした結果、下記の２つに対応することが決定しました。

　１つ目は、今後よりいっそう難しくなる顧客対応スタッフ（アルバイト）の採用強化を実施すること。２つ目は、新たな顧客層開拓として、周辺環境の変化や幅広い顧客層を意識した新メニューを開発することです。

　人材採用は人材採用チームが募集プロセスと方法の見直しを行い、秋までに２名の採用を目標に設定しました。新メニュー開発は調理チームが担当し、これまでのプロセスの弱点であった、新規顧客層のニーズ分析から始めることとし、目標は新メニュー２つ以上の開発としました。有効性の確認は、定例の経営会議にて進捗の確認と目標の達成度合いの評価を行うことになりました。

図 3-5-3　リスクと機会の事例

事例：レストラン事業
マネジメントシステムの狙い：顧客満足向上と売上増加

<店舗概要>
組織：有名店で修業したオーナーシェフ、社員、アルバイト
現在は、ディナータイムの営業のみ
周辺にはチェーンの飲食店が多くある
オフィス街に立地しオフィスビルが建設中
近隣には大学・専門学校
若い人からお年寄りまでさまざまな年齢層が行き来する

リスク	機会
価格競争 顧客ニーズの多様化 原材料費の高騰 アルバイト採用が困難	周辺の働く人の増加 ランチ営業を辞める個人店の増加 健康食・手づくり食ブーム

採用チーム：人材募集方法の見直しによる採用強化
調理チーム：新メニューの開発による新規顧客開拓
　　　　　　ex. 新しいディナーコース、ワンコインのランチ弁当

●目的とは

　方針とは将来に向けた組織の方向性を示す広い概念です。誰が何をどのように実施するかまでは含まれていません。そこで、現場レベルまで方針をブレイクダウンしたものが**目的**です。方針は比較的長期の将来を想定していることに対して、目的は年単位や半期単位です。

　なお、マネジメントシステム規格によっては"目標"と表記する場合もありますが、本章では共通要素の表記に則り"目的"で進めます。

　まず、目的はマネジメントシステムに関連する部門および階層で作成します。必ずしもすべての部署、プロセスで目的を設定する必要はありません。

　次に目的の内容です。目的は方針と整合性がとれていることが必要です。目的を達成することで、組織の方針が示す将来像に段階的に到達することにつながります。また、要求事項（顧客要求・法規制など）を含み、目的の達成度合いや達成／未達成の評価ができるよう、定量的もしくは定性的であっても測定可能であることが理想です。

　さらに、目的達成の活動を有効に機能させるためには、どのように伝達し、

図 3-5-4　目的策定の流れ

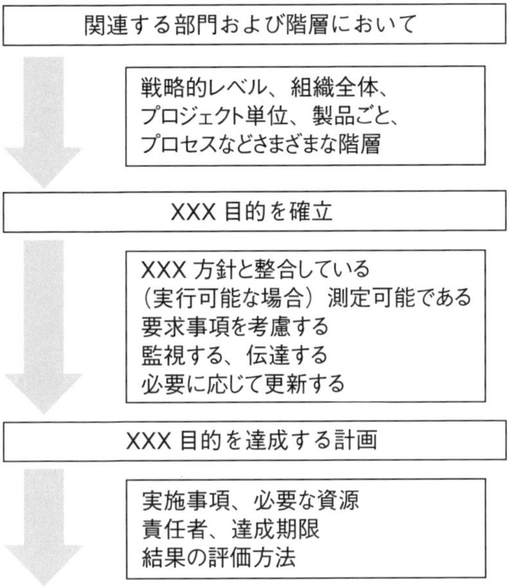

```
┌─────────────────────────────────────┐
│      関連する部門および階層において          │
└─────────────────────────────────────┘
        │
        ▼  ┌─────────────────────────────┐
           │ 戦略的レベル、組織全体、              │
           │ プロジェクト単位、製品ごと、            │
           │ プロセスなどさまざまな階層            │
           └─────────────────────────────┘
┌─────────────────────────────────────┐
│        XXX 目的を確立                     │
└─────────────────────────────────────┘
        │
        ▼  ┌─────────────────────────────┐
           │ XXX 方針と整合している              │
           │ （実行可能な場合）測定可能である       │
           │ 要求事項を考慮する                  │
           │ 監視する、伝達する                  │
           │ 必要に応じて更新する                │
           └─────────────────────────────┘
┌─────────────────────────────────────┐
│      XXX 目的を達成する計画                 │
└─────────────────────────────────────┘
        │
        ▼  ┌─────────────────────────────┐
           │ 実施事項、必要な資源                │
           │ 責任者、達成期限                   │
           │ 結果の評価方法                    │
           └─────────────────────────────┘
```

どのように監視し、どのようになれば更新するかなどの管理の枠組みも必要です。言い換えると「つくりっぱなし」を避ける仕組みです。組織内に理解されて初めて意味のある目的となります。監視を適切に行っていれば、年度途中での見直しも可能となります。また、社内外を取り巻く環境が大きく変わり、それに合わせて目的も変更する必要もあります。つまり、組織にとっては変化への対応も求められます。

　最後に目的を達成するための計画を策定します。規格では、誰が（責任者）、何を（実施事項）、どのように（必要な資源）、いつまでに（完了時期）目的を達成するかが計画事項として示されており、結果の評価方法も含めることが要求されています。表3-5-2のようなイメージです。

　目的を設定することよりも、その後の達成に向けた取り組みの方がむしろ重要となります。目的を立てたが結果を評価しない、達成しなかった場合の分析や実施事項の練り直しを行わない、それでも決まりだからといって次の目的を立てる、このような状況では期待した成果は出るはずもありません。目的達成に向けた計画の立案と結果の評価、次の目的設定に向けた分析などのプロセスを明らかにし、上手に PDCA を回していくことが大事です。

表3-5-2　目的達成のための計画策定の例

品質方針：食を通じて安心・安全をお届けます。
　　　　　顧客に満足してもらえるような食品メニュー・サービスを提供します。
品質目標：新メニュー開発と社内人材の充実により顧客満足度向上を図る。

担当部署：調理チーム	責任者	監視値	必要な資源（目標値／実績）	スケジュール	達成判断	評価　見直し
目標　新メニュー開発	A部長	—	特になし	◎ △ ○ ○	A部長が定例会議にて、各担当者と進捗状況を確認する。	アンケート結果により味付けの見直しを行うこと。
実施事項　顧客ニーズの把握	B課長	ニーズ一覧表作成	実績		顧客ニーズの把握度合	予定通り。問題なし。
試作メニューの検討	Cリーダー	メニュー案の作成完了	〃		試作メニューの完成	メニュー案作成に時間がかかりスケジュールは遅れ気味。
試作メニューの作成	Cリーダー	調理手順の完成	〃		調理手順の作成完了	作業手順でムリムダがあれば至急見直すこと。
調理スタッフへの教育	D副リーダー	資格付与人数	〃		調理スタッフ全員へ教育完了	教育は順調に進んだ。3か月後に力量チェックを行うこと。
正式メニュー化	B課長	—	—	—	—	—

3-6 支援

●資源とは

　組織の事業運営やマネジメントシステムの効果的な運用には、いわゆる**ヒト・モノ・カネ・情報**といった経営資源が必要です。マネジメントシステム規格では、組織がマネジメントシステムの確立、実施、維持、継続的改善などに必要な資源を決定し提供しなければならないと記載されています。

　目的の達成状況が芳しくなかったり、クレーム・不適合品が多発していたりする場合には、原因分析の一環で、資源の確保や提供状態に問題がないかを確認することが望まれます。ただし、必要な資源の確保については、組織の状況により優先順位をつけ、効果的な資源配分を行うことになります。

表 3-6-1　資源の例

資源	具体例
ヒト	新卒採用　中途採用　責任・権限
資金	設備投資　教育訓練費
情報	法令・規制要求事項　業界・外部環境
技術	加工技術　ノウハウ　新技術
材料	材料調達（値段／入手可能性）
インフラストラクチャ	生産設備　電気　ガス
作業環境	照明　温度　湿度

●力量とは

　日頃の業務においては、さまざまな能力が求められます。例えば、設計部署であれば製品・設計に関する知識やCADスキル、営業部署であれば、顧客対応スキルや見積作成の知識が必要とされます。これらは要求事項を満たした製品・サービスの提供や顧客満足に大きく関わるため、マネジメントシステムにとっても極めて重要な要素となります。これを**力量**と呼び、規格では「意図した結果を達成するために、知識および技能を適用する能力」（ISO

9000:2015 3.10.4）と定義されています。マネジメントシステム規格では、マネジメントシステムのパフォーマンスに影響を与える業務を組織の管理下で行う人々に対して、必要な力量を決定し、その力量を保有することが求められています。

●力量を確保する処置とは

　業務に必要な力量を決定した後、業務担当者が力量を備えているかを確認します。必要な力量を備えていない場合には、その不足分を補うことになります。規格では、この一連の処置を要求しています。多くの組織では、OJTや外部講習などの担当者の力量を上げる教育・訓練、あるいは力量を持った担当者の異動や再配置などを行うことにより、業務に必要な力量を確保する処置が取られています。また、力量のある要員を新規に採用することや業務そのものをアウトソースすることも力量確保の処置に含まれます。

図 3-6-1　力量の概要

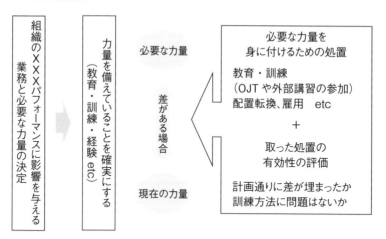

　教育などの処置を行っただけではなく、行った処置が有効であったかの確認をしなければなりません。有効性の確認は2つあります。1つは、計画通りに処置を行って、力量の差が埋まったかどうかの評価です。必要な力量との間にまだギャップが生じている場合には、追加の処置が必要になります。2つ目は、処置内容自体への評価です。行った処置（教育や外部研修）の見直しを行うことは次回への重要なインプットとなり得ます。

例として、新人として配属されたホテルのフロントスタッフの力量で考えてみましょう。業務内容から必要な力量を決定します。チェックイン時からチェックアウト時の作業手順やオペレーションの理解、顧客からの問合わせに回答できる力量が求められます。

新人配属のため社内ルールやオペレーションの基礎から始まり、導入研修を通して基礎知識を習得します。導入研修後は、OJT期間として先輩スタッフとともに実際にフロント業務を行います。半年に渡るOJT期間終了後、必要な力量が備わっているかの見極め試験が実施されました。試験合格後は見事独り立ちすることになります。

2年目以降も、顧客満足度向上につながるような最新の観光情報や飲食店情報を習得するため、半年に1回研修を受講しスキルアップに努めます。

表3-6-2　力量の処置

業務内容と必要な力量	①顧客のお迎えからお見送りまでの間、気持ちよく過ごして… ②顧客からの問合わせに対して… ︙ ――一連のフロント業務（チェックインからチェックアウト）の流れを… ――ホテル周辺の情報や観光地についての… ――さまざまな国からの接客に応じるため…基本的な外国語スキル
教育・訓練	・配属後、導入研修を実施し基本となるオペレーションを習得する ・配属後3か月間はOJT期間とし、先輩スタッフと業務を行い実務… ・OJT期間終了後、見極め試験を実施し… ・2年目以降は、半年に1回実施する集合研修で知識のブラッシュ… ・教育・訓練の結果は、「教育・訓練記録」に記録し、保管する
フォローアップ	・見極め試験で不合格となった場合は、再度フォローアップを実施… ・2年目以降のスタッフは、相互チェックを実施し… ・必要となる力量が変更／追加した場合には、必要に応じて… ・多様化する顧客ニーズに対応するため、マネージャーは、年に一度教育・訓練内容の見直しを行う

フォローアップの仕組みも重要です。見極め試験不合格者への対応やスタッフ同士による相互チェックなど、力量を備えていることを確実にするための処置を行います。また、多様化する顧客ニーズに対応するため、研修内容は現状のままでよいのか？新しくした方がよいのか？について、年に一度は見直すこととしています。

●マネジメントシステム規格における文書化とは

　実際の業務でマネジメントシステムを運用していくと、○○マニュアル、△△手順、××記録といった、多くの文書／記録が用いられます。従来、用いられてきた文書／記録という表現では紙媒体を連想しやすいため、近年の電子化情報の運用実態を踏まえて、規格の用語・表現を見直そうという動きになりました。そこで共通要素で採用された用語が**文書化した情報**です。文書化した情報には、音声や画像、動画といった、伝達が可能なさまざまな媒体が含まれます。

●文書化した情報の注意点

　組織は音声や画像といった新しい媒体を使用し、管理の効率化を図ることができるようになった一方で、文書化した情報の作成や管理にも注意を払う必要があります。

　文書化した情報の管理においては、最新版が必要なときに必要なところで使用できることが基本です。また、改定履歴などによる最新版管理、保管環境管理によるデータ破損の防止、情報セキュリティ対策など、文書化した情報の利用のしやすさと安全性をバランスよく管理することが求められます。

3 -7　運用

●運用とは

　マネジメントシステム規格の第8章には「運用」について記載されています。**運用**とは、マネジメントシステムのプロセスを使って業務を計画し、実施し、管理するというマネジメントシステム活動そのものを指します。

　共通要素を採用している規格では基本的構造（＝幹）は同じです。各マネジメントシステム規格の特色（＝枝葉）が現れるのがこの8章です。本節では、それぞれのマネジメントシステム規格の目的について着目し、規格の差異を説明します[※注]。

●各規格の特色

・ISO 9001（品質マネジメントシステム）

　ISO 9001では、「顧客の要求事項を満たした製品・サービスの提供」がテーマとなっています。顧客の要求事項の明確化、設計・開発、製造、製品・サービスの提供、引渡し後の活動までの一連の仕組みが対象です。

表3-7-1　ISO 9001　8章要求事項

ISO 9001
8.1　運用の計画及び管理
8.2　製品及びサービスに関する要求事項
8.3　製品及びサービスの設計・開発
8.4　外部から提供されるプロセス、製品及びサービスの管理
8.5　製造及びサービス提供
8.6　製品及びサービスのリリース
8.7　不適合なアウトプットの管理

※注：各規格の詳細は、第6章以降を参照してください。

• ISO 14001（環境マネジメントシステム）

「環境の保護と持続可能な発展」が ISO 14001 のテーマです。環境に影響を与える要素（環境側面）を適切に管理すること、もしもの緊急事態に備えた準備や対応の仕組みが対象です。

表 3-7-2　ISO 14001　8 章要求事項

ISO 14001
8.1　運用の計画及び管理
8.2　緊急事態への準備及び対応

• ISO/IEC 27001（情報セキュリティマネジメントシステム）

「リスクマネジメントプロセスの適用による情報の機密性、完全性、可用性の維持」が ISO/IEC 27001 の目的です。情報セキュリティリスクアセスメントを実施し、それに基づく対応計画の作成・実施の仕組みが対象です。

表 3-7-3　ISO/IEC 27001　8 章要求事項

ISO/IEC 27001
8.1　運用の計画及び管理
8.2　情報セキュリティリスクアセスメント
8.2　情報セキュリティリスク対応

• ISO 45001（労働安全衛生マネジメントシステム）

ISO 45001 は「安全な職場環境」がキーワードです。職場における、負傷や疾病のリスクを低減するための仕組みが対象です。

表 3-7-4　ISO 45001　8 章要求事項

ISO 45001
8.1　運用の計画及び管理
8.2　緊急事態への準備及び対応

パフォーマンス評価

●マネジメントシステム活動の評価とは

　組織の内外の課題や利害関係者のニーズ、組織の狙いを基に**計画（P）**し、それに基づいて**運用（D）**を行いました。次は、計画した通りに運用ができているかどうか**チェック（C）**の段階です。具体的には、何を（対象）、どのように（方法）、どのタイミング（時期）で監視・測定を行い、それらの分析・評価をいつ行うかを決定します。

　また、「パフォーマンス」とマネジメントシステムの「有効性」も評価することになっています。**パフォーマンス**は「測定可能な結果」、有効性は「計画した活動を実行し、計画した結果を達成した程度」（ISO 9000:2015 3.7.8/3.7.11）と定義されています。例えば、生産効率やエコ商品の販売量を活動の指標に設定した場合には、それらの数値が良化すれば活動のパフォーマンスに寄与したと評価することができます。パフォーマンスは有効性を判断する材料・データにもなります。パフォーマンスが上がることは活動が有効であるという評価につながります。

　マネジメントシステムでは、パフォーマンスの結果と各種活動の有効性を評価し、場合によってはリスクおよび機会の取り組みまで立ち戻って、改善プランを立てることになります。

●内部監査とは

　監査とは、「監査基準が満たされている程度を判定するために、客観的証拠を収集し、それを客観的に評価するための、体系的で、独立し、文書化したプロセス」（ISO 9000:2015 3.13.1）と定義されています。

　監査には、監査の目的や実施方法により第一者監査・第二者監査・第三者監査の３種類に分類されます。**第一者監査**は、**内部監査**とも呼ばれ、組織が定めた独自の要求事項やマネジメントシステム規格の要求事項に適合し、組織の活動に対して、有効に機能しているかどうかを自ら確認する行為です。

第二者監査は、組織と取引・契約するにあたって、取引先またはその代理人が組織を監査します。**顧客監査**とも呼ばれます。**第三者監査**は、独立した機関が実施する監査で**外部監査**とも呼ばれ、ISO 9001 や ISO 14001 などのマネジメントシステム規格に基づいて、規格要求事項に適合しているかどうかを客観的に確認します。

図 3-8-1　内部監査の種類

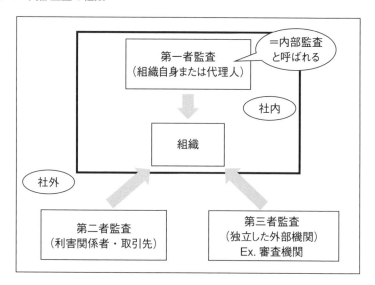

　内部監査には、大きく分けて2つの目的があります。1つ目は、マネジメントシステム規格が定める要求事項や組織が自ら設定したルール、顧客からの要求事項に適合しているか確認すること、2つ目は、意図した成果に対してどの程度達成できているかを基にマネジメントシステムの有効性について確認することです。

　内部監査を有効に機能させるためには、しっかりとした体制が必要です。組織は客観性や公平性を確保できるように、内部監査員を選定(任命)します。また、内部監査員は誰でもよいというわけではなく、規格要求事項や社内ルールに関する知識や能力(力量)を備えている必要があります。この力量を確保するために、多くの組織では外部講習や社内研修を受講し、力量の確認を終えた者を**内部監査員**として認定しています。

●効果的な内部監査とは

　マネジメントシステムを運用している組織の悩みとして、「内部監査を活用したいがやり方がよくわからない」「毎回同じような監査になっている」といった声を耳にします。ここでは、共通テキスト（要求事項）から内部監査活用の手掛かりを読み解いていきます。

図 3-8-2　内部監査の PDCA

P
・監査プログラム※の計画・確立・実施・維持
　※特定の目的に向けた、決められた期間内で実行するように計画された
　　一連の監査 (ISO 9000:2015　3.13.4)
　　　　　　　　　↓
D
・頻度／方法／責任／計画に関する要求事項、報告が含まれる
・関連するプロセスの重要性、前回までの監査結果を考慮する
C
・文書化した情報の保持（実施、監査結果の証拠）

A
・監査基準、監査範囲の明確化

・監査結果を関連する管理層へ報告する

　まず、どのような目的で内部監査を実施するのか、監査計画で定める必要があります。例えば、大きな変更の際には「変更箇所がフォローされているか」や新規工場であれば「手順通り実施されているか」など、事前に目的や狙いを決めておくことが重要なポイントです。

　報告においては、指摘の根拠と結論（○○と規定されているが、△△となっていた。よって□□が機能していない）を明確に記述することが肝要です。指摘を明確にすることで監査者／被監査者のみならず、報告を受ける管理層にとっても問題点を共有できるものとなります。また、マイナス面だけでなくプラス面（よい取り組み）も積極的に報告することも効果的です。

　内部監査においても、どのような目的のために実施するのか？から始めることで、目的に対して結果はどうであったか？次回に向けて内部監査自体に見直しの余地はないか？という PDCA サイクルを回せることがわかると思います。「JIS Q 19011:2019 マネジメントシステム監査のための指針」という規格が発行されています。この規格を参考に内部監査を実施されるとよいでしょう。

図 3-8-3　内部監査計画書と処置計画・実施報告書の例

内部監査計画書

監査実施日	20**年**月**日(*) PM
監査対象規格	ISO 9001
監査目的	・ISO9001要求事項に対する適合性の確認 ・※※を実施したことによる変更状況の確認
監査基準	ISO9001:2015 品質マニュアル○
監査チーム	監査チームリーダ 監査メンバー

月日	監査内
13:00-16:00	<方針～目標展開 　戦略・方針・目 <サービス提供プ ①プロセスの有効 ②プロセスの実現 ③プロセスの実施 ④プロセスの有効 <改善プロセス> 　外部監査指摘に
16:00-17:00	

内部監査処置計画・実施報告書(例)

組織名

改善指摘事項の識別

発生部署：		プロセス：	
識別番号：		規格項番：	

審　査　日：00000　　　年000　　月000　　日～000000　　　年000　　月000　　日

1. 指摘事項内容

指摘事項の記述：・・・のしくみが（有効に）機能していなかった。
要求事項の引用：○○規定第×版（20XX.XX.XX改訂）では「……」と規定されている。
観察された客観的証拠：……が実施されていなかった。

確認（責任者）	品質　太郎	発行日	****年**月**日 （計画立案：受領日より●日以内）

2. 発生の状況説明

3. 修正処置

（処置完了予定日or完了日：****年**月**日／処置実施部門：********）

7. 是正処置の有効性のレビュー：（レビュー予定日、または完了日：＿＿＿年＿＿月＿＿日 ／ 確認者＿＿＿＿＿）

確認内容：

		確認	承認
-	-	内部監査員	ISO責任者

●マネジメントレビューとは

　トップマネジメントの役割の1つに、マネジメントシステムが引き続き適切で妥当かつ有効であるかを、あらかじめ定められた間隔で確認することが求められます。これを**マネジメントレビュー**と呼びます。

　あらかじめ定められた間隔となっていますが、マネジメントシステム規格自体には頻度の要求はなく、多くの組織では、年に1～2回の定期実施を規定しています。

図 3-8-4　マネジメントレビューの概要

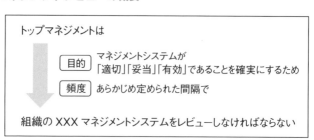

トップマネジメントは

| 目的 | マネジメントシステムが
「適切」「妥当」「有効」であることを確実にするため |
| 頻度 | あらかじめ定められた間隔で |

組織の XXX マネジメントシステムをレビューしなければならない

しかしながら、マネジメントシステムに大幅な変更が生じた場合や問題が多発している場合などに、臨時で実施することも有用です。また、本来業務との統合を高めるために、既にある定例の会議体（経営幹部会議など）をマネジメントレビューの場として活用している組織も多くあります。

●マネジメントレビューの実施

　マネジメントレビューを実施するには、これまでの活動の情報を収集することから始まります。

図 3-8-5　マネジメントレビューの流れ

・前回までのマネジメントレビューの
　結果で取られた処置の状況
・外部・内部の課題の変化
・傾向を含めたパフォーマンス
　　不適合および是正処置
　　監視および測定の結果
・継続的改善の機会

継続的改善の機会
XXX マネジメントシステム
のあらゆる変更の可能性

　外部・内部の課題の変化や目標の達成度合い、顧客満足アンケートの結果などに加え、ISO 活動以外であっても関連するさまざまな実業務の情報をインプットすることで、本来業務に根差したマネジメントレビューとなり、マネジメントシステムの活性化を図ることができます。

　マネジメントレビューでは、インプット情報を基にこれまでの活動に対する評価と経営判断を行い、次年度のマネジメントシステムの計画に反映させます。トップマネジメントはヒト・モノ・カネの経営資源についての決定や処置を指示します。図 3-8-6 は、マネジメントレビュー報告書の例です。アウトプット情報や総合コメントがトップマネジメントの主導する部分となります。

　組織によりアウトプットの内容は異なりますが、マネジメントレビューは「会社の経営判断、進むべき道標」を反映したものであることは、どの組織でも共通します。事業と一体化した ISO が叫ばれています。ISO 審査のためのマネジメントレビューを他とは別に行うのではなく、既にある会議体に組み込むことにより、組織にとって無理のない、より自然な形態でのマネジメントレビューとなります。

図 3-8-6　マネジメントレビュー報告書の例

マネジメントレビュー報告書

1. 実施日　****年**月**日(月) 10:00〜11:00　第○会議室

2. 参加者　経営者 品質太郎　管理責任者 環境太郎
　　　　　　部門長 AAAA　BBBB CCCC DDDD　　　　　　事務局 EEEE主任　FFFFF　GGGG

2. 実施内容

＜インプット情報＞

前回までのマネジメントレビューの結果取られた処置の状況	コメントAに対しては、××の仕組みを導入し処置を図った。対象者への教育も完了し○月に有効性の確認を行う予定。 新規顧客開拓は、計画8に対し実績6であるが、ターゲットを絞り戦略的に進めること…添付資料①
XXXマネジメントシステムに関連する外部及び内部の課題の変化	競合A社が環境配慮型の新製品を販売開始した。 その他の内外の課題変化については、部門別会議資料添付資料②
次に示す傾向を含めた，XXXパフォーマンスに関する情報 不適合及び是正処置／監視及び測定の結果 継続的改善の機会	顧客満足度アンケート状況 〇」。Cランクの顧客へフォローアップ実施済。 A工程の不適合について担当部署で原因を究明し、根本原因は〇〇となった。 〇〇の除去には△△更新が必要であるが、現在は未対応となっており、 次年度の更新において・・・・
その他情報	製造部、総務部、設計部、営業部から改善提案が出ています。詳細は添付資料③。 課題となっていた、部門別教育は計画通り進んでいる。新卒中途の計画的な配置を・・ リスクとして、顧客からの短納期要求が強くなり、人材の確保・早期育成が課題

＜アウトプット情報＞

継続的改善の機会 XXXマネジメントシステムのあらゆる変更の必要性	システムの有効性については、今一歩と感じる。外部審査や内部監査の結果をしっかり・・・・・・・・・・・・・・・・・・・・　顧客満足度アンケートについても、数年前から同じ内容となっているので、見直しを・・・・ 設備更新については、見積をとり確実に実施するように

＜総合コメント＞

前年に比べ、本来業務にISOの仕組みが組み込まれてきたと実感する。引き続き業務の効率化・ムダの削減に取り組み・・
****年度に○×工場が稼働開始する。品質環境に対する認識は立上げ時の意識付けが大事・・・・
[○×工場製造部]⇒生産体制の早期確立、再来年度を目安にISO認証登録への準備。
[製造本部]⇒QCDの向上。次期リーダー候補の育成。
[営業本部]⇒営業力向上のための人材育成。生産部門と連携し生産性の向上。顧客との訪問頻度UPによる関係性の構築
　　　　　　　　　　　　　　　　　　　　20**/**/** 品質 太郎

内部監査

　マネジメントシステムそのものも継続的改善の対象となります。マネジメントシステムの改善に向けた"きっかけ"を提供するものとして、内部監査があります。PDCA サイクルでいえばチェックに相当する活動です。内部監査は大きく分けて、ルール系とパフォーマンス系に分けることができます。内部監査の視点（"きっかけ"）の例を表に示します。

内部監査改善の"きっかけ"（例）

管理の仕組みに関するもの	目標の達成に関するもの
手順・ルールからの逸脱	計画の未実施・逸脱
情報の欠如・不足・誤り	目標の逸脱・放置
無駄・非効率の放置	製品・顧客などへの悪影響

　これらの例は表現がネガティブなため、内部監査は問題点の指摘だけのように見えますが、内部監査の目的は仕組みの改善ですので、その目的を見失ってはなりません。問題点ではなく、改善のきっかけと捉えましょう。

　問題点の摘出だけだと本来行うべき改善に至らないばかりか、関係者のモチベーションの低下を招きます。例えば、作業手順書で記録を残すと決めている項目が記録帳票になかったとしましょう。上の例にある「手順・ルールからの逸脱」でしょうか、それとも「情報の欠如・不足・誤り」、あるいは「無駄・非効率の放置」でしょうか。手順書通りに記録していない、手順書または帳票の改訂すべき情報が伝わっていない、残す必要のない記録を手順書で指定している、など見方はさまざまです。記録がないという事象を問題点として指摘するのではなく、改善のきっかけとして捉え、それが起こった原因や背景、そもそも残すべき記録かどうかを関係者とともに調べることによってプロセスやシステムの仕組みの改善に向かうことができます。逆に、見当違いの指摘は、表面的な是正処置で終わります。内部監査で無駄な作業をつくっていることになり、関係者のモチベーションが下がってしまいます。

　内部監査の実施は組織自らが行います。いわば自律的にマネジメントを改善する仕組みです。マネジメントシステムは不具合な事象が起こることを前提としてつくられています。内部監査で改善のきっかけを見出し、自律的に改善を行うことは、ISO マネジメントシステム規格の優れた特徴の1つです。

改善

●不適合への対処とは

マネジメントシステム活動の結果、要求事項への不適合や組織の決めたルールからの逸脱、目標の未達などが生じた場合には、必要に応じて適切な処置を行い、マネジメントシステムの改善につなげます。不適合事象については、修正処置や原因の特定と除去による**再発防止**を行います。また、同様の事象や原因で類似の不適合が他の分野で生じないよう、これらの是正処置の情報をインプットとしてマネジメントシステムの見直しを行います。PDCAサイクルのAに該当し、マネジメントシステムを改善するための処置を行います。

●是正処置と継続的改善

不適合が生じた場合は、流出防止や不適合を取り除く修正処置を行います。次に、再発や類似の不適合防止のために、不適合の原因を追究し原因を取り除く処置を決定・実施し、処置結果（処置の有効性）の確認をします。処置が有効でない場合は原因の分析まで戻り、再度処置を講じます。これが是正処置のサイクルです。

是正処置は原因の除去による再発の防止であるため、これだけではマネジメントシステムの継続的な改善には不足です。組織内外の利害関係者のニーズや組織の置かれている状況の変化を踏まえて、マネジメントシステムが継続的に改善していることを、適切性・妥当性・有効性の観点から確認・見直します。マネジメントレビューのアウトプットを軸にして見直しを行うことで、よりよいマネジメントシステム運営につながります。

適切性：意図した結果に相応のマネジメントシステムか

妥当性：マネジメントシステムに不足な点はないか

有効性：マネジメントシステムの目的や計画が実現しているか

最後に不適合と是正処置の説明をパン屋の事例で考えてみます。注文を受

図 3-9-1　不適合への対応イメージ

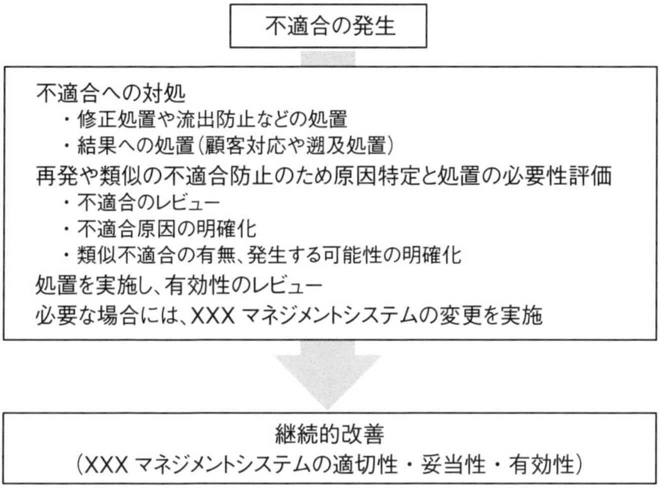

```
        ┌─────────────────────┐
        │      不適合の発生       │
        └─────────────────────┘

┌───────────────────────────────────────────┐
│ 不適合への対処                                  │
│   ・修正処置や流出防止などの処置                     │
│   ・結果への処置（顧客対応や遡及処置）                  │
│ 再発や類似の不適合防止のため原因特定と処置の必要性評価     │
│   ・不適合のレビュー                             │
│   ・不適合原因の明確化                           │
│   ・類似不適合の有無、発生する可能性の明確化            │
│ 処置を実施し、有効性のレビュー                       │
│ 必要な場合には、XXX マネジメントシステムの変更を実施      │
└───────────────────────────────────────────┘

        ┌─────────────────────┐
        │      継続的改善         │
        │ （XXX マネジメントシステムの適切性・妥当性・有効性） │
        └─────────────────────┘
```

け商品を提供する際、こしあんパンと粒あんパンを誤って提供してしまいました（不適合の発生）。顧客からの指摘で気づき、店長がお詫びし、正しい商品を提供し直しました（不適合への対処）。

　このままでは再発の可能性があると考えた店長は、原因の検討と過去に同様のミスが起きていないかどうかを確認しました。その結果、こしあんパンと粒あんパンの取り違えは、複数回発生しており、スタッフも間違えやすいと感じていたことが判明しました。原因はパンの外観だけではあんの種類が判別できないことと分析し、これを防ぐため、粒あんパンには黒ゴマをのせ容易に識別ができるようにするとともに、スタッフ全員に再教育を行うこととしました（原因特定と処置）。

　6か月経過しましたが、同様のミスは発生しておらず、とった処置は適切であり、有効に機能していると判断しました（レビュー）。

　不良品を顧客に提供してしまうような不具合は、人間が行う以上ゼロにはできません。ISO マネジメントシステム規格は、不具合が起こった場合にどのような処置をとるか、不具合が発生した原因は何か、不具合を減らすためには何をすべきか、などについてのルールや情報伝達・共有の仕組みを求めています。また、不具合の再発防止を行った後に、再発防止策は効果があったのかについてもフォローすることを求めています。

表3-9-1　不適合のケーススタディ

不適合の発生	こしあんパンと粒あんパンを誤って提供
不適合への対処	正しい商品を提供し店長がお詫びを行う
原因特定と処置	見た目がほぼ同じで外観だけでは判断が難しい 頻繁に同様の提供ミスが起きていた ⇨外観で判断できるような工夫が必要！ その他の商品で、外観が類似しているものはない ⇨類似の不適合の発生可能性は低い ◎粒あんパンには、黒ゴマをのせ容易に識別ができるよう処置を行う
レビュー	6か月経過したが、提供ミスは発生していない 適切・妥当・有効であると判断

　不具合な事象が起こるたびに是正処置を実施することで継続的な改善となります。このように**是正処置**は、ISOマネジメントシステムにおける継続的改善のツールとして、非常に重要な仕組みといえます。

●共通要素のまとめ

　共通テキストの各章のポイントを確認しました。各章は個別に成り立っているのではなく、相互に関連し合いながらPDCAサイクルを形成しています。

　各規格の固有のテーマについても簡潔に触れました。各規格のテーマはさまざまで異なりますが、マネジメントシステムのベース（幹）は同じであることを理解いただけたでしょうか。マネジメントシステムの本質である共通要素を理解することで、さまざまな規格の理解が容易になることを期待しています。

第4章

マネジメントシステム
の構築と運用

本章では、ISO 規格に基づいたマネジメントシステムを、
自社内に構築し、運用していく際の流れとポイントを説明し
ます。

4-1 マネジメントシステム構築の STEP

●はじめに

　マネジメントシステムを構築・運用する理由はさまざまあると思いますが、せっかく取り組むのであれば、対象の規格のテーマを正しく理解して、上手に使いましょう。そのためにどのようなことに気を付けたらよいかという視点で、説明します。

●目的を考える

　まず、マネジメントシステム導入の目的を明確にしましょう。マネジメントシステムを構築することによって、どのような組織になりたいのか、どのような結果を得たいのか。例えば、売上を増やしたい、製品の不良率を下げたい、または、認証を取得して対外的なアピールに用い、組織の知名度を上げたいということもあるかもしれません。なぜ、マネジメントシステムを導入するのかを考えておくことは、今後の構築の段階において大事です。

　組織のマネジメントシステムの仕組みをどのように構築するかについて、組織のトップの意向を反映させましょう。そのうえで、マネジメントシステムに取り組む目的を明確にしておくことで、組織の要員にとってマネジメントシステムの取り組みに対するモチベーションの向上にもつながります。したがって、ここで検討した目的は、取り組みを始める早い段階で、組織内にアナウンスすることが効果的です。

　なお、JQA で新たに認証を取得した顧客に対して実施しているアンケートでは、認証取得の理由について「競争力の強化（他社との差別化）」「業務の標準化」「社員の意識改革」「自組織の基盤構築」「取引先からの要請」といった回答が多くなっています。

　あわせて、認証取得によって期待する効果としては、「業務の標準化・改善」「社員の意識向上」「社会的評価の向上」などの回答が多くを占めています。

●組織を知る、規格を知る

　ところで、マネジメントシステムを組織内に構築していく際、おすすめできない方法があります。それは組織の現状を無視して、単に規格に書いてある通りに手順や書類をつくっていくやり方です。このようにして構築した仕組みは、これまで続けてきた仕事の仕組みとは別のものになってしまいます。組織にとっては余計な仕事が増えただけ、しかも無駄な作業になってしまいます。また、組織に合わない仕組みになってしまうおそれもあります。

図 4-1-1　既存の仕組みと規格の整理

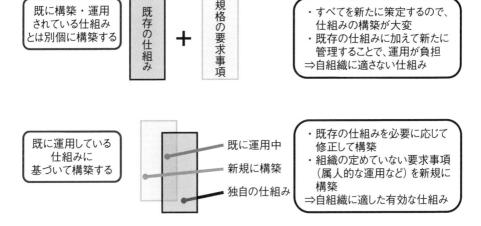

　したがって、規格に書かれたことを理解すると同時に、いま組織で実施している仕事のやり方をよく把握する必要があります。そのうえで、組織の取り組みと規格が求める内容を比較し、足りない部分を加えていく作業を行います。規格と現状の比較作業を**ギャップ分析**と呼ぶこともあります。

●全体的なスケジュールを作成し必要な文書類や仕組みをつくっていく

マネジメントシステムを適用する範囲の決定や運用期間なども含めて、全体的なスケジュールを策定し、実行していきます。ここでの作業は、前述のように規格と現在の組織の仕組みとの差分を洗い出したうえで、仕組みを明文化する工程といえます。例えば、それぞれのISOマネジメントシステム規格において、いくつかの文書を必須としていることがあります。現在運用しているルールを必要に応じて明文化することや、この機会により効果的な方法になるように見直すことも含めて、規格が求める手順などを準備していきます。また、内部監査員を養成するなど、教育のスケジュールも考えていきましょう。

●全体に周知し、運用を始める

規格が求める仕組みを一通り準備できたら、いよいよ運用を始めます。組織の全体に、新たなマネジメントシステムに沿った仕事を進めていくことをアナウンスし、必要な教育を行います。このとき、本章冒頭に述べたように、なぜマネジメントシステムに取り組むのか、どのような効果を期待しているのかを明確にしておくことが望ましいでしょう。現場の要員にとっては、新たな仕組みやルールが増えると面倒なものだと思うことも少なくありません。マネジメントシステムの取り組みが決して余計なものではなく、自分たちの組織をよくしていく、自分たちのためになるものであることを認識してもらい、全員参加の仕組みとして運用することを目指しましょう。

●作った仕組みを改善する

こうして構築したマネジメントシステムのすべてがうまく機能することは稀です。一度構築したからといって、仕組みを変更することをためらってはいけません。ISOマネジメントシステム規格では、継続的改善のための仕組みを求めています。こうした仕組みに沿って、より組織の実情に合って、かつ効果的なマネジメントシステムになるよう、継続的に改善していきます。

❗ マネジメントの形態

　組織のおかれている環境や事業の目的、社の歴史、所属する人々などによって、マネジメントの形態が変わってきます。組織文化、組織体質などと呼ばれたりするものもマネジメントの形態に影響します。

　ISOマネジメントシステム規格に書かれているマネジメントの枠組みは、まさに一般的、標準的な枠組みであって、マネジメントそのものではありません。規格には組織体制や業務プロセスがあることを前提にしていますが、どのような組織体制が相応しいか、どのような業務プロセスが必要かなどについては何も書かれていません。同様に、方針や目標、計画を定めるという要求事項はありますが、方針・目標・計画の内容は、当然ですが、その組織が決めることです。

　組織の行動特性を形作っているものは、トップマネジメントの理念や社員の価値観、それらに基づく社員の行動規範・行動様式であるといえます。また、それらが形づくられた背景は組織の歴史・経験にあります。マネジメントの形態は組織の行動特性によってそれぞれ異なります。マネジメントシステムは、そのような組織固有のマネジメントの形態の上にある枠組み、マネジメントの表層部分にあたります。したがって、マネジメントシステムを構築する際には、その組織の成り立ち・文化・体質・歴史に根差したマネジメントの形態に合わせることが大事です。組織文化や体質を変革する場合においても、現実に根差したマネジメントシステムから出発することが近道でしょう。

　ISO規格は要求事項という形で書かれていることもあって、構築の段階で「べき論」に陥ってしまう例が多くあります。もちろん、あるべき姿を模索することは重要ですが、規格の要求事項に盲目的にならないようにしましょう。規格要求事項の求めに応じてシステムをつくるのではなく、既にあるシステム（自組織のマネジメントの形態）を評価し、不足な点や強化したい点を見出すことが肝要です。

　例えば、マネジメントレビューは年度の活動を総括する時期に通常行われます。しかし、毎月行っている経営会議でマネジメントレビューの項目を審議している組織は多くあります。マネジメントレビューを経営会議と別に年

度末に新たに開催する必要はありません。月次の経営会議をマネジメンレビューの一部と位置付けることで、自組織のマネジメントの形態に合わせることができます。そもそもマネジメントレビューの要求事項には開催の時期・頻度の指定はなく、形態も会議体である必要もありません。

　組織のマネジメントの形態を尊重して、ISO マネジメントシステム規格の要求事項は普遍的、抽象的な表現で書かれています。抽象的な要求事項を自組織のシステムで具現化することは簡単ではありませんが、そのプロセスにこそ意味があることを多くの事例が教えてくれています。

マネジメントシステムの表層と組織の成り立ち・文化・体質

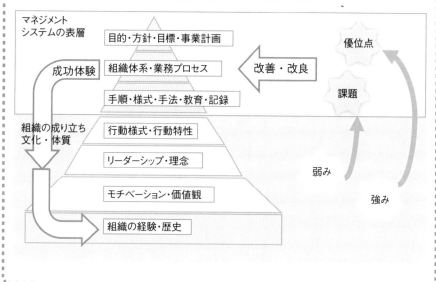

4-2 構築における担当者（事務局）の役割

●マネジメントシステムの扇の要

マネジメントシステム構築・運用の担当者のことを、**ISO 事務局**などと呼ぶことがあります。この事務局の役割は、組織のかたちによっても異なりますが、概ね以下のようなものです。

・規格を理解し、自社の仕組みに取り入れることを主導する（前節に述べたことの大部分です）。
・規格で求められているイベントを取り仕切る（例えば、内部監査やマネジメントレビュー）。
・（認証を取得する場合）認証機関との窓口を担う。

具体的には規格によっても異なりますが、文書管理（マニュアル・手順書類の制改訂のルールの作成など）、内部監査員の選定や日程調整、マネジメントレビュー資料の作成や議事録の作成、認証機関の審査への同行、審査結果の組織内への展開や必要な対応など、多岐にわたります。

組織の規模にもよりますが、すべてを事務局が担うということではなく、現場の各部署に作業を依頼することが多い立場です。一方で、組織のトップとの意思疎通も重要です。したがって、事務局はマネジメントシステムに関するトップと現場のつなぎ役ともいうことができます。マネジメントシステムを本業に活用している組織にとっては、まさに組織そのものの扇の要となり得る、きわめて重要な存在です。前述のように、他部署に対してあれこれいわなければならない立場は、苦労が多いですが、その分だけ、やりがいのある役割でもあります。

4 -3 導入に際してのコンサル活用の是非

●一般的なメリットとデメリット

　自分たちで規格の難しい文言を読み、意図を解釈し仕組みを構築するのは難しいと感じることが多いのが現実です。そういったニーズに応えるべく、マネジメントシステムの構築や認証取得の支援を事業としているコンサルタントがいます。ISOマネジメントシステムを導入するにあたって、コンサルティング会社や個人のコンサルタント（以下「コンサル」といいます）を利用するケースも少なくありません。コンサルを活用するメリットとデメリットは、一般的には、以下にまとめることができます。

　　＜メリット＞
　・効率的に短期間で構築できる可能性がある。
　・規格の理解を助けてくれる。
　・システム構築のノウハウが得られる。
　・（認証取得する場合）審査に対する不安を軽減できる。
　・専門家の知見が得られる。
　　＜デメリット＞
　・費用がかかる。
　・自社に合わないシステムになってしまうおそれがある。
　・コンサルに任せきりとなり自組織での意識が醸成されないおそれがある。

●コンサルとは

　そもそもコンサルとはどのような人でしょうか。
　これまでにマネジメントシステムの事務局や品質・環境管理などに関する業務に従事した人が、退職後にコンサルに転身するケースが多いようです。また、コンサルと兼業でマネジメントシステムの審査員として活動している人もいます。コンサルや審査員として多くの組織のマネジメントシステムに

関与しているため、ISO 規格やマネジメントシステムに関する知見は豊富である場合が多いです。しかし、いかに専門家といっても、すべての業界や組織の規模に精通していることは稀で、多くの場合、出身企業の周辺業界を得意としています。したがって、コンサルであれば誰でもよいということではなく、自社の属する業界に詳しいコンサルを選定した方がよいと考えられます。

次にコンサルが提供するサービスについても、いくつかのタイプがあります。例えば、ある程度の時間（訪問回数）をかけてクライアント組織の実情を把握・分析し、規格の教育もあわせて実施したうえで、その組織に合ったシステムを組織とともにつくっていくタイプ。または、構築や認証取得までの時間短縮を重視してコンサルがマニュアルや文書のひな形を提供し、それを使って組織の仕組みをつくっていくようなタイプもあります。同じコンサル会社(コンサルタント)でも、費用などに応じて支援のかたちは変わります。

●自組織に合った支援を

コンサルが提供するひな形をそのまま利用するのは確かにラクではありますが、自組織にふさわしいシステムになるかどうかは疑問が残ります。コンサルには、自組織の実情に合い、本業に即した仕組みになる支援を依頼することをおすすめします。

規格の文言は、すべての業種の組織に適用できるように一般化した抽象的な表現で書かれているため、内容を理解しにくい場合が多くあります。規格の理解が難しい場合には、スポット的にコンサルを活用し、相談するという方法もあります。または、認証取得を前提に既に認証機関とコンタクトを取っている場合には、認証機関の営業担当者に質問するという選択肢もあります。国際ルール（ISO/IEC 17021-1）によって、認証機関自身がコンサルティングを行うことは禁じられていますが、規格の一般的な理解などであれば快く説明してくれることが多いでしょう。

4-4 仕組みを運用するうえでの落とし穴～形骸化～

●構築はしたけれど

仕組みを一通り構築した後は、実際に運用していくこととなります。しかし、マネジメントシステムの運用を続ける中で、ある問題が生じる場合が少なからずあります。その最たるものが、仕組みの**形骸化**です。すなわち、システムを構築したものの、時間の経過とともに実務とかけ離れることや、成果が出にくくなった結果、形だけの仕組みになってしまうという問題です。

●形骸化の要因

では、なぜマネジメントシステムは形骸化してしまうのでしょうか。前述の通り、社内事務局や専門のコンサルタントの協力を得て仕組みをつくってきたはずです。しかし、運用につまずくケースや運用していくうちに機能しなくなるケースが少なくありません。

例えば、不良率の低減に向けて仕組みを構築した場合、不良品の状態や対処内容などを記録し、記録を分析することで、対策が必要なプロセスや工程を特定することとなります。不良原因の発生プロセスの特定に必要な記録を残す仕組みを構築したはずですが、現場に周知する段階で、一方的に「記録を残すこと」だけの指示で終われば、現場の担当者には目的や意図が伝わらず、活きた記録の収集につながりません。あるいは、取り組みの効果が思うように実感できず、マネジメントシステムの意義が薄れることで、運用が続かなくなって形骸化に陥るケースもあります。

記録は残したが、分析をせず対策も練らないとすれば、担当者は「記録を残しても不良率は下がらない（効果がない）」と感じてしまいます。効果を実感できなければ、記録を残す業務はおざなりになり、記録を見返すこともなくなります。そうなると、事務局が記録を残すよう一生懸命頼んだとしても、協力が得られず、次第に記録を残す習慣はなくなっていきます。

仕組みの形骸化は、「ISO なんて意味がない」につながります。何か効果

図 4-4-1　形骸化の主な要因

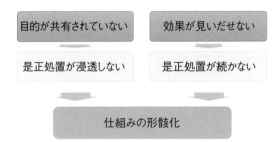

的な手法はないか模索し、新しい仕組み・フレームワークを導入したくなる
でしょう。

　しかし、どんなフレームワークやツールでも、うまく活用するにはそれぞ
れのコツがあるはずです。表面的な運用でとどまれば、新たな仕組みを導入
しても、結局は浸透せずにさらなる形骸化を招いてしまいます。こうした、
表面的な運用による形骸化は、ISO マネジメントシステムだけではなく、実
は身近なところにも潜んでいます。

　　・チャットツールを導入しても意思の疎通が円滑にならない。
　　・クラウドサービスを導入しても働き方が多様化しない。
　　・ワークフローを導入しても紙の使用量が減らない。
　　・目標管理制度を導入しても士気が上がらない。

　このような事例からわかるように、仕組みを単に表面的に導入しても、期
待した効果があがるとは限らないのです。

●形骸化の悪循環

　形骸化に対して、対処を誤るとさらなる形骸化の悪循環に陥ることがあり
ます。

　前述の例では、現場が記録を残すことに意義を感じていなければ、工場内
に新たに入力端末を増設しても、現場の協力を得ることは難しいでしょう。
あるいは、今まで以上に記録を残すよう事務局から現場に強く要請するかも
しれません。短期的な効果はあるでしょうが、現場の反発もさらに強くなる

4・マネジメントシステムの構築と運用

でしょうから、本来の目的（記録を分析して不良率を低減すること）はさらに難しくなってしまいます。

　事務局からすれば「何度いっても浸透しないので強く指導する」という場面でも、現場では「また、事務局が現場の負担を増やしている」と思われてしまうことがあります。これはさまざまな組織で起こり得る事例です。

　何か不具合が発生すると「二重チェックの導入」や「チェックシートなどによる新たな管理の導入」など、再発を防止するために新たな管理が求められることがあります。こうした管理のための管理は、（ときには必要ですが）無理な管理の導入や強要につながることが少なくありません。管理のための管理もまた、形骸化の1つの症状であり、多くの組織が陥る落とし穴ですので注意が必要です。さらに、事務局にわからないように、定められた手順とは異なる独自の運用を始めるケースもあるかもしれません。現場での運用が定められた手順から乖離していく要因となります。

●形骸化を防ぐには

　このように形骸化したマネジメントシステムを運用する事務局は「やらされ感」を覚え、組織全体のマインドの低下につながります。では、どのようにすればよいのでしょうか。いま一度、マネジメントシステムやシステムの中の個々の仕組みの目的を組織内で共有できているかを確認しましょう。

　前述の例では、不良率の低減という本来の目的を共有すれば、記録様式を見直して現場の負荷を軽減することや、ICTを用いて工程を追跡するといった別の手法が考えられるでしょう。現場の負担が軽減できれば、製造部門の記録の分析が進み、品質保証部門を巻き込んで不良発生原因の特定と対策を検討することで効果を実感できるでしょう。逆に、短期的な対処療法として記録をとる新たな仕組みを現場の実情を把握せず導入したとしても、現場の反発が強くなる悪循環が繰り返される懸念があります。手段であったはずの記録に一生懸命なあまり、それ自体が目的となり、問題のすり替えが起こってしまえば、不良率の低減はますます難しくなるでしょう。

　問題のすり替えが起こり、形骸化の悪循環に陥ると、事務局の声はますます現場に届かなくなってしまいます。短期的な対処療法が繰り返され、悪循環が進むことにより、根本的な対処をとることがますます難しくなってしま

います。

　根本的な対処には時間も労力もかかります。しかし、形骸化を防ぎ、プロセスや仕組みを改善することはとても有益で、時間と労力をかける価値があります。

　問題のすり替えによる短期的な対処療法に陥らずに、組織の要員が目的を理解し、仕組みを運用しながら改善を進めることがマネジメントシステムの本質です。常に「生きた」マネジメントシステムであるかを意識し、定期的に見直してマネジメントシステムを「活かす」ことが大切です。

図 4-4-2　形骸化で見られる問題のすり替え

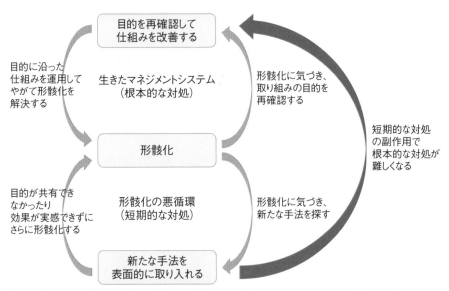

出典：ピーター・M・センゲ、学習する組織 - システム思考で未来を創造する、図 6-7、英字出版株式会社、2017 年を基に作成。

審査を受けるメリット

●審査は受けたくないもの？

　認証取得をするためには認証機関による審査を受ける必要があります。審査と聞くと、「できれば受けたくない」「落ちるかもしれないから不安」というようなイメージを持つかもしれませんが、審査を受けることはマネジメントシステムを運用するうえで多くのメリットがあります。

●形骸化を防ぐ「外部の目」

　これまで述べたように、仕組みが形骸化して実際の業務の役に立たなくなってしまうおそれがあります。認証を取得すると外部の専門家（審査員）による確認が定期的に行われ、実務と仕組みがマッチしていない部分の発見につながります。形骸化の予防に役立ちます。

●気づきや参画意識につながる

　実際に認証機関による審査を受けた組織から以下のコメントが寄せられています。審査員が現場の要員に「その仕事は何のために行うのですか」とインタビューしたことをきっかけに、仕事や手順の意味を考え直し、現場業務の改善につながったというコメントがありました。

　また、審査員が組織の現場の取り組みを肯定的に評価したことで、自分たちの仕事を認めてもらったという意識からモチベーションが高まったとの声もありました。利害関係のない第三者の審査員が組織の人々と接することは相当のインパクトがあるようです。

　審査という言葉の響きからはイメージしにくいですが、審査員は審査先の組織の人々から仕組みの説明を受け、質問し、回答を求めます。その過程で、組織の人々が自ら仕組みの弱み、あるいは、強みに気付きを持ってもらうことに意味があります。このような審査を通じて、組織のチカラを高めることが審査員のミッションの1つです。

4 -6 複数の規格に基づく仕組みを運用する

●別の規格の仕組みに取り組む

　マネジメントシステムを構築した後に、別の規格のマネジメントシステムの構築・運用に着手する組織も多くあります。例えば、品質マネジメントシステムの次に環境マネジメントシステムに取り組むというケースです。

　その際、既に運用している ISO 9001 とは全く別に ISO 14001 の仕組みを構築すると、運用管理コストが膨らむばかりでなく、現場の負担も増大しかねません。規格が増えると管理が増え、コストや無駄が増えてしまっては効果が期待できません。具体的には、内部監査やマネジメントレビューを規格別に行うと、その分だけ会議などが増えてしまいます。外部審査の回数も増加しますし、審査対応に割く内部コストも増大します。手順書や様式など、書類の数も多くなってしまう可能性もあります。せっかく効率的な業務運営を目指して取り組んだマネジメントシステムが、かえって煩雑になってしまいます。それを避けるために、複数規格のマネジメントシステムを統合して運用することが広く行われています。共通要素が採用された ISO 9001 や ISO 14001 は複数のマネジメントシステムを統合運用することが容易となりました。

●具体的なイメージ

　では、複数の規格に基づくマネジメントシステムを統合するとは、具体的にどのようなポイントがあるのでしょうか。JQA を含め、いくつかの認証機関は、マネジメントシステムの統合を積極的に推奨しています。ここでは、JQA の提供する「マネジメントシステム統合プログラム」を例にして、統合の具体的なイメージを説明します。

　マネジメントシステムの統合は、事業運営上のさまざまな課題を一元化した仕組みで対応できることにつながり、従業員にわかりやすく、経営層が使いやすいシステムとなります。これにより「事業目標やビジョンの実現に直

結するマネジメントシステム」となり、さらには「これからの事業環境の変化に即応できる"足腰の強い"マネジメントシステム」となります。また、統合を進めることは、さまざまな重複を解消することでもあり、コスト削減にもつながります。

　JQAでは、多くの認証組織が統合を進めています。前述したマネジメントシステム統合プログラムには2,000を超える組織が参加しており、JQAが実施する審査の概ね3件に1件は統合審査です。統合を進めた組織からは、「マネジメントレビューでは、経営側も個別の規格に縛られず、トータルな視点から問題を浮き彫りにできるため、現場と踏み込んだ対話ができるようになった」などといったポジティブなコメントが多くあります。

　審査を受ける面でもマネジメントシステム統合はメリットがあります。認証機関によっては、各規格の審査を異なる日程・異なる審査員で行うのではなく、同じ日程・同じ審査員で1回にまとめて行います。これは審査の効率化につながります。同じ日程に審査をまとめることで、規格間で共通する部分を一度に審査する効率化によって、審査期間の短縮につながります。

　また、審査の回数が減るため組織の審査準備や審査対応の負担を軽減できます。さらに、同じ審査員が審査を担当することで審査する視点が統一され、規格間のバランスが考慮された審査を受けることができます。

　このように、複数規格のマネジメントシステムの統合運用は、さまざまなメリットがあります。規格別に構築・運用するのではなく、単一のマネジメントシステムに統合することをおすすめいたします。

表 4-6-1　マネジメントシステム統合プログラム

評価基準	統合プログラム参加 マネジメントシステムの統合を図り始めている	ステージⅠ マネジメントシステムの統合を図るうえで、基本となる事項を満たしている	ステージⅡ 統合マネジメントシステムとしての管理体制・仕組みが完成し、所期の結果が得られている	プレミアム・ステージ 育成された統合システムを効果的に運用し、各規格の持つ利点の相互利用や相乗効果の活用によって、高いレベルでの事業目標の達成やパフォーマンス向上が図られている
①責任・権限				
②方針・目標管理				
③文書化した情報				
④プロセス・業務管理				
⑤内部監査				
⑥マネジメントレビュー				
⑦是正処置などの改善活動				

❗ システムの標準化とマネジメントの独自性

　最初の ISO マネジメントシステム規格は、1987 年に ISO 9001「品質システム－設計、製造、据付け、付帯サービスの品質保証モデル」として発行されました。その後、1994 年、2000 年、2008 年と改定が行われ、現在は 2015 年版となっています。また、ISO 9001 に加え、環境管理を取り扱う ISO 14001、情報セキュリティの ISO/IEC 27001 が生まれ、2019 年には労働安全の ISO 45001 が発行されました。

　これら以外にもさまざまな分野でマネジメントシステムが開発される一方で、マネジメントシステム規格のあり方についての検討が進み、2012 年にマネジメントシステム規格を制定する際のガイドラインが生まれるに至っています。上で紹介した規格はすべてこのガイドラインに沿って制定・改定されものです。各規格はガイドラインに従って共通の構造（章の構成）を持ち、また、マネジメントシステムに普遍的な要求事項は共通テキストとして盛り込まれています。この標準化によって多くの分野で規格作成が容易になり、また、各規格が理解しやすくなるとともに、複数の規格を統合して運用することが容易になりました。

　一方、社会にはさまざまな分野があり、業種や企業の規模もさまざま、各企業の特徴もさまざまです。企業は、その企業の事業目的や顧客層、生立ちや経営者の考え方などで、それぞれ固有のマネジメントの形態があります。マネジメントシステムも各社それぞれ固有のシステムです。

　マネジメントシステム規格が ISO 規格の普及や認証制度の発達に伴い、ますます標準化され、共通化される一方で、マネジメントシステムの構築・運用は企業や組織の独自性が求められるという構図が近年の傾向となっています。

第**5**章

審査の概要

　マネジメントシステム認証を取得・維持するためには認証機関による審査を受ける必要があります。審査を受けるというと、不安に思うかもしれませんが、せっかく審査を受けるなら、有効に活用しましょう。審査を受けることで、自組織の課題やマネジメントシステム運用の改善点を把握し、次の活動につなげていくこと＝継続的改善ができます。

　本章では、マネジメントシステムの審査とは、そもそもどのようなものなのか、何を目的として、どのような考えで行われているのかを中心に、どのような制度で行われているのかや、審査員にはどのような役割があるのかなど、さまざまな面から審査について考えていこうと思います。

5 -1 審査の目的・流れ

●審査の目的

　マネジメントシステム規格の審査は、大きく２つの目的で審査が行われます。１つ目は、対象とする規格への適合性を確認することです。組織で構築・運用されているマネジメントシステムが、規格の要求事項に適合していることを確かめます。

　２つ目は、有効性を高めることです。組織の意図した結果を実現するためには、適合性の確認だけでは不十分です。組織が掲げた方針や目標に沿って、マネジメントシステムがパフォーマンスを発揮しているか、PDCA サイクルが適切に運用されているか、などを確認する必要があります。

　JQA では、特に有効性を重視した審査を目指しています。適合性はもとより、有効性に焦点を当てた審査を通して、組織のチカラを高めることが JQA の使命と考えています。

●審査で行われること

　審査の前に、以下のような準備を経て審査当日を迎えます。

　①認証機関（審査員）から組織に、必要な事項の確認や資料の提出を依頼。
　②組織から資料を送付。
　③認証機関（審査員）から、訪問予定の審査員などの氏名および当日のスケジュールなどが記載された審査計画が届く（登録審査の 1st ステージ審査では審査計画書を作成しない場合があります）。

　さて、現地での審査はどのようなことをするのでしょうか。まず、審査の冒頭に初回会議を設けます。その後、組織のトップマネジメントにインタビューを行ってから、各部署に足を運んで現場の審査を実施していく、という流れが一般的です。

　書類や現場の観察、要員へのインタビューなどの方法を用いて、方針や目標はどのようなものか、決められた手順で業務を進めているか、どのような

活動の記録があるかなどを審査員が確認していきます。

　審査の結果、規格や組織内のルールに適合しない事象が見つかった場合には、不適合事項として報告されます。また、よい取り組みとして評価したことを報告することや、不適合ではないものの改善の余地がある事項を報告することもあります。

　こうした審査結果は、審査終了前の最終会議で報告され、最終的には審査報告書にまとめて組織に交付されます。

図 5-1-1　一般的な審査の流れ

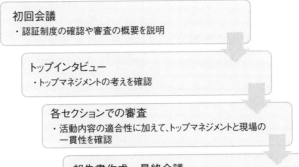

●トップインタビュー

　審査では「トップインタビュー」が行われます。審査で個々の活動について確認していくにあたり、大枠でトップマネジメントが審査に期待することを審査員は引き出せるようインタビューを行います。

　同時にトップマネジメントが自組織のマネジメントシステムに対して、規格でうたわれているように、確実にシステムの有効性について責任を持つ意識があるのかについてなどの確認が行われます。

　スケジュールの都合によっては、審査期間の途中で行われることもありますが、原則としては、審査の冒頭で行われます。その理由は、トップマネジメントが求める組織の姿や今回の審査に求めるものを審査員が的確につかみ、個々のセクションの活動が有効性を持って適切に、部分最適ではなく、全体最適の視点で機能しているかを確認していくための審査の試金石を得るためです。

●個々のセクションでの審査 ―全体最適の視点―

トップマネジメントの考えをトップインタビューで確認した審査員は、その後、管理責任者などへのインタビューを経て、いよいよ個々のセクションの活動の確認を行っていきます。

規格の要求事項に沿って、それぞれのセクションでの活動が、適切にPDCAサイクルを回して、かつ、そのセクションの業務だけでなく、他のセクションとの間でのインタフェースの面から適切に活動されているかについても確認をしていきます。

そのため、審査員はその組織の工程を追った順番で各セクションを確認していく、また逆に後工程から遡っていくなど、さまざまな手法で個々の活動を見ながら、常に最初に確認したトップマネジメントの考え方に沿った全体最適の観点でそれぞれのセクションの審査を行っていきます。

●審査報告書と最終会議

各セクションでの活動の確認を行い、審査員は審査チーム間で協力して審査報告書を作成します。トップインタビューで確認したトップマネジメントの意向に対して、個々のセクションでの活動がどのようなものであったか、また、活動内容に改善すべき事項が認められたかどうかを審査報告書としてまとめ、トップマネジメントに報告します。

審査報告書では、審査の総合所見とともに、確認された事項については、主に以下の分類で報告されます。

表 5-1-1　確認事項の分類（認証機関によって呼び方が異なる）

カテゴリーA	重大な不適合事項 特別審査を別途実施し、是正処置結果を確認
カテゴリーB	軽微な不適合事項 是正処置計画を評価し、次回審査で是正処置結果を確認
改善の機会	改善の余地のある事項や気づきなど
ストロングポイント	システムの構築状況、実施状況、改善効果などで他にない特筆すべき秀逸な点
グッドポイント	組織の活動において見られたよい点

5-2 審査の種別

●審査の種別

前節では、審査とはどのようなものなのかの概要を見てきました。そのうえで、制度上の審査はどのようなものかを見ていこうと思います。

基本的に、年に最低一度は審査員が現地を訪問するというのが原則です。最初に認証を取得するための審査を受けて、認証を取得した組織には、3年間有効な登録証が交付されます。その後、最初の2年間は1年に一度の定期審査を、有効期限がせまる3年目は、更新審査が行われます（認証機関によって呼び方が異なる場合があります）。

3年を1サイクルとして、この繰り返しにより組織のマネジメントシステムを絶えずよりよい仕組みに改善していきます。この取り組みは、組織と審査機関がともにそれぞれの立場からチャレンジしています。

表 5-2-1　審査の種別

審査種別		主目的
登録審査	1st	内部監査の実施状況など、基礎的なことの確認を行い、現場審査（2nd ステージ）を実施できる状況にあるかどうかを判断すること
	2nd	現場で審査を行い、要求事項を満たして、適切にマネジメントシステムが運用されているかを確認のうえ、認証登録を判断すること
定期審査		前回の審査からの1年間を振り返り、マネジメントシステムが適切に運用されているか確認すること
更新審査		過去3年間を振り返り、以降も認証登録が有効であるか確認すること

※原則、毎年必ず一度、審査を行い、組織の活動を確認します。
※一部、定期審査では年2回審査を実施する組織もあります。

5-3 マネジメントシステム審査員

●審査員が大切にしていること

　審査員に求められる力量はさまざまありますが、それらの力量よりも審査にとって一番大切なものがあります。それは「組織がそれぞれのマネジメントシステムを効果的に運用していくことによって、継続的に改善していけるためのお手伝いをする」ということです。多くの審査員は、この想いで審査に臨んでおり、組織と一緒に考えていくというスタンスを常にとっています。

●審査員に求められるもの（1）―コミュニケーション能力―

　規格の理解はもちろんのことながら、高いコミュニケーション能力が求められます。特にトップインタビューで組織のトップマネジメントの望む組織の姿、審査で特に確認してもらいたいことなどを正確にくみ取り、引き出すことができるか否かでインタビューの成果が大きく変わります。この成果が審査全体を有効性の高いものにするうえでは不可欠です。

　各セクションの審査でも、さまざまな記録・データを分析・観察する力に加え、要員の方々へのインタビュー・質疑応答は審査の重要なウェイトを占めます。インタビューなどで組織の状況を把握するだけでなく、相手の意図をくみ取り、気づきを与える際にもコミュニケーション能力は非常に重要な力量です。

●審査員に求められるもの（2）―文章力―

　審査報告書には、マネジメントシステムが有効に機能しているか否かの結果、組織の活動状況と観察結果をまとめた総合所見、審査で観察された不適合事項、改善の機会、グッドポイントなどが記載されています。

　審査報告書は審査で得られた気づきを記載し、次の活動に役立てるための重要な資料です。そのため、審査で確認した事項をわかりやすく、かつ正確に表現する文章力も、審査員に求められる力量の大きな1つです。

審査を終えればそれでよいというわけではなく、大切なことは、審査で観察されたことをマネジメントシステムの改善に活かすことです。そのため、審査報告書は誰が読んでもわかりやすく記述されていることが大事です。

●審査員に求められるもの（3）—業種の専門性—

審査員の主なキャリアは、組織で製造の現場や品質保証関連の業務、マネジメントシステムの運用に携わり、退職などを機に活躍のフィールドを審査活動に移すというケースが一般的です。

認証機関への要求事項である ISO/IEC 17021 では、一般的な審査の技能および知識・経験を有する審査員に加え、審査対象の専門分野について適切な技能および知識・経験を持つ審査員を審査チームに含めることが求められています。

組織に特有の業界事情、その業種の現場の特性など、ある程度の理解があって初めて組織の業務の実情に即した有効なコメントの提示・指摘が可能になります。さまざまな業種の経験者が審査員として幅広く活躍することは、マネジメントシステムの認証が広く社会に普及し、それぞれの組織のマネジ

表 5-3-1　例）審査員 2 名 × 2 日間の審査計画

開始	終了	審査員 1	審査員 2
1 日目			
9:00	9:30	初回会議	
9:30	10:00	企業内概略見学	
10:00	10:40	トップマネジメントインタビュー	
10:40	12:00	管理責任者	
12:00	13:00	昼食・午前中審査のまとめ	
13:00	16:00	設計・開発プロセス	製造プロセス
16:00	16:30	審査チーム会議	
16:30	17:00	中間会議	
（夜間）		資料のまとめ	
2 日目			
9:00	9:10	事務打合わせ	
9:10	12:00	営業プロセス	製造プロセス（続き）
12:00	13:00	昼食・午前中の審査のまとめ	
13:00	15:00	教育プロセス	購買プロセス
15:00	16:00	審査チーム会議、報告書作成	
16:00	16:30	企業代表者報告会議	
16:30	17:00	最終会議	

メントシステムを維持・改善していくうえで必要不可欠なことであると考えます。

●とある審査の様子…

　審査員は事前に組織との間で調整した審査計画に基づいて審査に臨みます。審査中は昼食と審査チーム会議の時間を除き、常に組織の方々と接していますので絶え間なく緊張が続きます。また、審査後も審査報告の準備や翌日の審査準備で時間に追われる毎日です。日程によっては、次の審査先への移動もあり、まさに「旅から旅へ！」ということも多くあります。

　これまで、審査員の力量について述べてきました。審査員の実務を考えると、全国のいろいろなところを訪れることが好きであること、その移動に耐えうる強靭な体力があることが審査員に必要な力量なのかもしれません。

●審査員は頼りになる

　審査員は組織のマネジメントシステムの継続的改善のお手伝いをしたいという気持ちで審査に臨んでいます。また、審査員は豊富な実務経験と知見を有し、多くの審査経験に裏打ちされたマネジメントシステムのプロフェッショナルです。ここでは、審査員が審査に訪れた際の接し方、活用の仕方について述べたいと思います。

　最初に、審査員に指摘や改善の機会を出してもらうことは、悪いことではありません。組織が継続的改善を行っていくための具体的なヒントですので、大いに活用すべきです。そのためには、審査前あるいは審査中に自組織の状況や課題、困っていること、取り組み中のことを積極的に説明することが有用です。そうすることで、有益な指摘や改善の機会を引き出すことができます。

　次に、不明な点は何でも忌憚なく審査員に聞きましょう。審査員はコンサルティング行為にならない範囲で、他の組織の取り組み紹介や複数の選択肢を示す解説を通じて、組織に役立つ情報を提供することができます。

　審査員の重要な力量として、コミュニケーション能力があると説明しました。組織の方々にも同じことがいえます。審査員とのコミュニケーションを積極的に取ることで組織にとってさらに実のある審査とすることができます。

審査における基本的な姿勢

●組織のための審査

　審査員が大切にしていることは、「担当した組織のお役に立ちたい」という想いです。また、審査員が審査先の組織にどのような姿勢で向き合うべきかを示すことは認証機関の重要な役割でもあります。以下にJQAの**審査基本姿勢**を例として審査員が審査に臨む際の姿勢について述べます。

審査基本姿勢
①組織の自主性を基本とし、自律性を高める審査
　マネジメントシステムの基本は、組織の方針に沿った目標達成に向け、組織が自主的に取り組むというところにあります。組織の自主的な考えを重んじ、自律的な活動を高める審査を目指しています。
②組織の特性と個性を大切にする審査
　組織によって異なるさまざまな事業目的・組織文化・事業環境をよく理解し、特徴が活きる審査を目指しています。
③トップから現場までの一貫性を重視する審査
　先の節で述べた通り、トップマネジメントの方針に沿って、現場に至るまで、組織的に一貫性を持って取り組んでいることが重要です。
　その点で、現場を重視し、組織全体を強くする審査を目指しています。
④コミュニケーションを重視した審査
　これまで述べた通り、審査は組織のさまざまな方々と審査員との間での対話によって成り立つものです。ひとりひとりに対して、「なぜ？」「どうして？」を残さない、モチベーションを高めるきっかけになるような審査を目指しています。
⑤ステークホルダーの視点に立った審査
　ステークホルダー（＝その組織がかかわるさまざまな側面での利害関係者）との互恵関係のもと、組織は成り立っています。
　「誰のため」「何のため」のシステムであるのかを、ステークホルダーの視点に立った審査を目指しています。
⑥常に一歩先を行く先進的審査
　時代の変化、社会のニーズは常に変化していきます。常にアンテナをはって、将来を見据えた審査を創造し続けていくことを目指しています。

すべての組織には、それぞれの特徴があり、組織が工夫して構築したマネジメントシステムにもそれぞれのストーリーがあるでしょう。どのような事業環境の中で、どのような課題があり、そのためにどのような仕組みを構築したのか、組織のストーリーを読みとり、組織の方々と共有することこそが審査の姿勢であると前述の規範文書に表れています。

　審査員と組織の方々は、仕組みをよくするという共通の目的を持って審査に臨んでいます。組織の方々も、審査を機に自組織のストーリーをあらためて整理しながら、仕組みを構築した時点の状況や目的を振り返ることで、マネジメントシステム見直しのよい機会になるのではないでしょうか。

第 6 章

ISO 9001の特徴

　マネジメントシステム規格の中で、最も普及している規格であり、最もベーシックな規格です。事業を運営しているうえで必要な取り組みが、要求事項として記載されていますが、理解の難しい表現もあります。

　本章では、すべての要求事項の箇条解説よりも、誤解されやすい用語や規格の特徴的な考え方に重点をおいた紹介をします。

6-1 品質とは

●品質とは

ISO 9001 は品質マネジメントシステムの国際規格です。ただ、日本語の「品質」という言葉にはさまざまな要素が含まれます。顧客が「品質がいい」とか「高品質である」と感じるのは、どのような場合でしょうか。高いスペックや多くの機能を備えていること、充実した付帯サービス、迅速な配送、リーズナブルな価格など、さまざまな要素があるでしょう。

当然、高額な製品やサービスでは、さまざまな付加価値が提供されています。安価な製品やサービスであれば、価格に見合った機能が提供されています。どちらも、対象となる顧客層が満足する製品やサービスを提供していることでしょう。

ISO 9001 でも、仕様・スペックあるいは機能ではなく「顧客満足」を品質と考えています。つまり、ISO 9001 は「顧客満足」をテーマにした国際規格です。

顧客が満足するには、顧客の要求を満たし続けることが必要です。サービスが安定しない場合や、不良品の納品は、顧客の満足を損なうことになります。高額で高機能な製品、安価でシンプルなサービス、どんな事業も顧客が満足し続けなければ、事業を存続できません。そこで、仕組みを継続的に改善し、顧客の満足を一層高めるためのフレームワークが必要になります。

ISO 9001 に基づき、品質マネジメントシステムを構築・運用することは、組織のパフォーマンスを改善し、持続可能な発展への基盤となるでしょう。

●顧客満足とは

顧客満足という日本語も「品質」と同様に誤解が生じやすいキーワードです。顧客の期待する以上の付加価値を提供し、顧客を感動させることを目指している組織もあるでしょう。「顧客満足 No 1」がキャッチフレーズとして使われる場面も、多くの読者が見聞きしたことがあるかもしれません。日常

のさまざまな場面で使われている「顧客満足」には、顧客の期待を上回る意味合いが含まれています。

一方、ISO 9001で使われている顧客満足は、顧客から「要求事項を満たしている」と認識されている状態を指しています。要求した（期待した）通りの付加価値を享受できていれば、顧客は満足しているという考え方です。ISO規格には、英語でCustomer Satisfactionと書かれています。

英語では、期待以上の意味合いも含む顧客満足をCustomer Delightというようです。日本語でいうならば、顧客の喜び・顧客の感動といった方が近いでしょう。ちなみに、Customer Delightという用語はISOマネジメントシステム規格には使われてないので、Customer Satisfactionの概念が採用されています。

●顧客重視

ISO 9001では、品質マネジメントシステムの原則の1つとして「顧客重視」をあげています。

規格（序文・附属書も含む）の中には「顧客」という言葉が102回も出て

図6-1-1 顧客満足に着目したPDCAサイクル

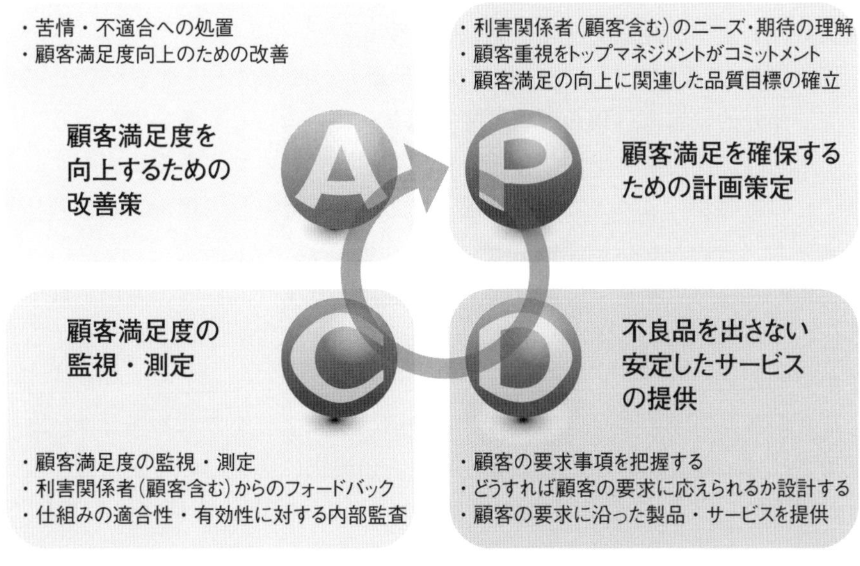

・苦情・不適合への処置
・顧客満足度向上のための改善

・利害関係者（顧客含む）のニーズ・期待の理解
・顧客重視をトップマネジメントがコミットメント
・顧客満足の向上に関連した品質目標の確立

顧客満足度を
向上するための
改善策

顧客満足を確保する
ための計画策定

顧客満足度の
監視・測定

不良品を出さない
安定したサービス
の提供

・顧客満足度の監視・測定
・利害関係者（顧客含む）からのフィードバック
・仕組みの適合性・有効性に対する内部監査

・顧客の要求事項を把握する
・どうすれば顧客の要求に応えられるか設計する
・顧客の要求に沿った製品・サービスを提供

きます。ISO 9001と同等規格である日本産業規格（JIS Q 9001）は、A4判で52ページの文書ですが、その中に102回も「顧客」という言葉が出現するのは、さまざまな場面で使われている言葉であること、顧客重視の原則に従っていることの現れでしょう。

例えば、PDCAサイクルのCに該当する監視・測定の中にも以下のような要求事項があり、顧客満足度の測定が要求されています。

「組織は、顧客のニーズおよび期待が満たされている程度について、顧客がどのように受け止めているかを監視しなければならない。」（ISO 9001 9.1.2）

本書では102回のすべてを書ききれませんが、PDCAサイクルの各段階で「顧客」という言葉が登場します。ISO 9001に基づき品質マネジメントシステムを運用することは、顧客重視の考え方に則り、顧客満足度を指標としたPDCAサイクルを運用することといえるでしょう。

●独自の品質マネジメントシステム

顧客満足度を高めるための工夫は、さまざまな場面で行われており「ウチの会社は既に取り組んでいる」と考える方も多いでしょう。確かに、今日まで事業を運営していれば、何らかの製品またはサービスで顧客に付加価値を提供し、一定の満足度を得ているはずです。

ISO 9001で要求される取り組みは、目新しいことでも、難しいことでもなく、部分的には既に何らかの形で運用されていることも多いでしょう。

また、既に運用されている仕組みは、各組織によって異なるはずです。それぞれの組織が、これまでの事業運営で工夫して構築してきた、独自のマネジメントシステムを持っているといえるでしょう。

現状の業務を、無理して置き換える必要はありません。既に運用されている仕組みを体系的に整理し、確実に運用するためにISO 9001を活用することが有効です。

これから品質マネジメントシステムの構築・見直しをされる場合は、既に運用されている仕組みが、どのように顧客の要求に応えているか把握することが肝要でしょう。それを継続的に改善するための仕組みを構築することで、顧客満足の向上・持続的な発展が可能となります。

顧客の要求事項

●顧客の要求事項を把握する

顧客満足度の向上を目指すには、顧客の要求を把握することが重要です。

しかし、顧客とのコミュニケーションにさまざまな齟齬が生じてしまい、顧客満足度を低下してしまう場面も考えられます。日常の業務の中で、以下のようなケースで顧客の満足度を損なってしまう（顧客として不満に感じる）場面に遭遇したことはないでしょうか。

- ・注文書を読み間違えて、異なる型番や少ない数量を納品してしまう。
- ・納期として書かれた日付を発送なのか必着なのか誤認してしまう。
- ・製品の使用方法や動作環境を説明できずに、顧客の期待した通りに使用できない。
- ・ソフトウェア開発の受注前に正確な要求を把握できず、要件定義やテスト版リリースの後に想定以上の工数を要した（あるいは納期の遅延が生じた）。
- ・建設業の営業段階で見積った工数が現実的ではなく、想定以上の人員を割いたことで原価・工期に影響が生じた。

どんな事業でも、事前に顧客の要求事項を適切に把握できなければ、顧客満足度を大きく損なう要因になります。顧客の要求事項を把握することは、顧客満足度を高めるための第一歩といえるでしょう。

●顧客とのコミュニケーション

顧客とコミュニケーションを取り、顧客の要求事項を把握する機能は、多くの場合は営業部門が担っています。営業部門の成果として受注・契約の獲得や売上目標の達成というのは、重要なアウトプットの指標となります。そのアウトプットは、どのように生み出されているのでしょうか。

103

営業部門であれば、顧客からの引き合い・問合わせやマーケットの動向などに基づき、仕事が動き出します。契約の獲得や売上の達成を「アウトプット」とすると、引き合いや問合わせは「インプット」ということができます。

図 6-2-1　営業部門の仕事のインプット・アウトプット

　それでは、引き合いや問合わせをどうすれば契約の獲得や売上の獲得に変えられるでしょうか。少なくとも業界の用語を知らなければ顧客の要求を理解することができません。社内の手順や様式を活用して見積を顧客に提示し、内容や機能を説明する知識も求められます。

　営業部門が機能しているのかを評価するには、適切な基準や KPI（Key Performance Indicator：重要業績指標）が必要になります。

　顧客とのコミュニケーションから顧客の要求を把握することは、顧客満足度を向上するために重要な取り組みです。そのためには、さまざまな要素が

図 6-2-2　顧客関連プロセスのタートル図

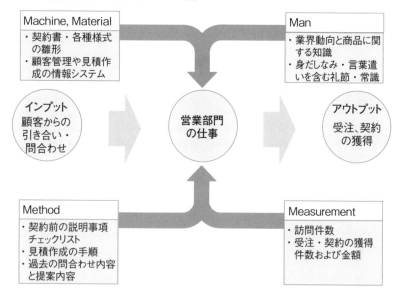

作用していることがわかります。プロセスを管理するうえでの要素をまとめた図を**タートル図**と呼びます。

●顧客関連プロセスの役割

　前述のような「顧客とのコミュニケーションを通して顧客の要求事項を把握し、製品・サービスを提供する」業務は多くの組織で日々運用されています。その結果、顧客に利用され、満足される製品やサービスもあるでしょう。

　一方で、顧客の要望に応えられないケースや、さらに高い付加価値が要求されることもあります。顧客の要求事項は社内に展開され、製品・サービスの改善が図られます。顧客や市場から得られる情報は非常に貴重なものであり、顧客の要求事項を的確に把握することは営業部門の重要な役割です。

　加えて、事業を運営するうえでは、既存の製品やサービスを改善するだけでは市場の変化に対応できず、新規事業の立ち上げや新たな顧客層の開拓が求められる場面があります。新規の顧客層や新規事業でも同様に、顧客層を想定し、その要求事項に対して製品・サービスを考えます。どんな顧客層を想定し、どのような要求事項があるのか、要求事項にどのように応えるのか、常に考え続け社内に展開する活動が求められます。

　規格では、顧客を「～製品・サービスを、受け取るまたはその可能性のある個人または組織。」（ISO 9000 3.2.4 から一部抜粋）と定義しています。つまり、今後製品・サービスを受け取る可能性のある潜在顧客も含まれていることが伺えます。

　市場のニーズを収集し、事業に活用する取り組みも、PDCA サイクルを運用しながら工夫することが求められます。顧客の要求事項が想像と違っていたり、思いもしなかった顧客層から支持されたり、さまざまな場面に遭遇します。

　顧客に相対する業務は、所定の商材を売ることだけではなく、顧客の要求事項を察知し、現状の事業を見直す（もしくは新たな事業を構想する）ための、重要なインプットでもあります。

設計・開発

●設計・開発とは

設計・開発とは、顧客の要求事項にどうすれば応えられるかを検討する業務に当たります。「どのような製品なら（サービスなら）ターゲットとする顧客のニーズ・期待（要求事項）や法規制を満たすことができるか」や「それを実現するために必要な社内の資源（人材・設備・手法・原材料など）は何か」を考えて、詳細を決めていく業務を指しています。

製造業であれば製品の仕様や製法を決定し、製造プロセスが確実に実行できるよう考えることが該当します。また、日々の生産計画を策定する業務も「どうすれば応えられるか」を考える業務と位置づけられるでしょう。

「設計・開発」は、製造業以外でも同様に、「顧客の要求にどうすれば応えられるか」を考えることを意味しています。例えば、ソフトウェアの開発であれば、詳細な要件定義と使用する言語や開発環境、単体・結合テストの手法や時期、進捗確認のポイントを決めて「どうすれば顧客の要求に応えられるか」考える業務が相当します。建設業であれば、必要な資格や協力会社を洗い出し、工期と規模を想定して人材・重機などのリソースを割り当てて施工計画を策定する業務が考えられます。顧客の要求に応えるために、どのような製品（サービス）を提供するか、それをどのように実現するのか、さまざまなことを考えることを**設計・開発**と呼びます。

●設計・開発のインプット・アウトプット

顧客の要求事項を把握する業務と同様に「どうすれば顧客の要求に応えられるか考える」という業務にもインプットとアウトプットがあります。

現在提供している製品（サービス）に対して、マーケティング調査の結果や営業部門の活動実績から「もっとこんな機能があったらいいのに」「こんなことできないのかな」といった情報が入るかもしれません。また、製品（サービス）によっては、法令の改正なども確認する必要があるでしょう。

図 6-3-1　設計・開発のインプット・アウトプット

インプット
顧客の要求
市場の動向
競合の状況

どのように
満たすか
考える

アウトプット
製品の仕様
サービスの
オペレーション

　これらの要素を網羅するため、設計・開発に必要なインプット項目を洗い出すことが有効です。必要な項目を整理する様式を用いて、設計・開発のレビューを行う組織も多く見受けられます。企画から試作や量産設計などの各段階でレビューや会議を設ける運用も有効でしょう。丁寧に段階を踏めばそれだけ時間が必要なため、組織の事業特性や設計・開発の難易度に応じてさまざまな運用が存在します。実際に決まった製品の仕様や製法、もしくはサービスのオペレーションなどが、設計・開発のアウトプットとなります。

　設計・開発のアウトプットに基づき、それ以降の業務が実行されます。あらかじめ実際に製品の製造・サービスの提供を行うために必要なアウトプットを決めておくことで必要な情報を網羅することができます。

●適用不可能な組織

　設計・開発プロセスは「どうすれば顧客の要求に応えられるか考える」ということを指しています。しかし、認証取得を目指す段階で「自分たちは顧客の要求通りにしているので、設計・開発の要求は適用不可能ではないか」という相談を受けることがあります。実際に、事業特性によっては自組織で顧客の要求にどのように応えるか「考える必要がない」という場合があります。例えば、顧客から指定された生産計画に従って、顧客から支給される部材に、顧客の指定した通りの加工を施して納品する事業もあるでしょう。

　このような事業を運営していれば、設計・開発のプロセスがない（自組織で考える必要がない）ということになりますので、ISO 9001 の箇条 8.3 やその一部を適用不可能として認証取得している事例もあります。

　自組織に設計・開発を適用できるか悩む際には、自組織では顧客の要求に応えるために、どのような工夫をしているか（もしくは必要がないのか）確認すると、適用の可否に迷うことは少ないでしょう。

6 -4 プロセスアプローチ

●プロセスとは

　顧客に付加価値を提供して事業を運営するには、さまざまな業務が必要となります。これらの各々の業務の単位を**プロセス**と呼び、各々のプロセスは前後関係などで相互に関連しています。どのようなプロセスで事業が運営されているか、各プロセスの呼び方など、組織によって異なりますが、まずは全体像を整理してみましょう。

図 6-4-1　製造業のプロセス例

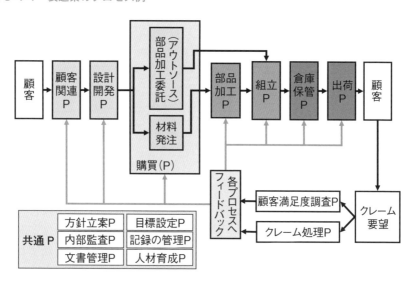

　個々のプロセスには、インプット・アウトプットがあります。インプットは、プロセスの成果としてアウトプットに変換されます。顧客関連プロセスであれば、顧客からの引き合いや相談がインプットとなり、受注や契約といったアウトプットに変換されます。

　あらためて規格を見ると、プロセスは以下のように定義されています。

図 6-4-2　個々のプロセスのインプット・アウトプット

　「インプットを使用して意図した結果を生み出す、相互に関連するまたは相互に作用する一連の活動。」(ISO 9000 3.4.1)

　この言葉を見ると、非常に難しい印象を受けるかもしれません。しかし、既に事業を運営している組織であれば、日々行われている業務の単位が個々のプロセスとなります。インプットをアウトプットに変換する「プロセス」が日々運用されているといえます。

　それぞれのプロセスが機能するためには、タートル図に注目した仕組みの整備が必要です。

　これから品質マネジメントシステムの構築もしくは見直しをされる方は、まず「自組織の事業が、どのようなプロセスを経て、顧客に付加価値を提供しているのか」という全体像を整理することが肝要です。

図 6-4-3　個々のプロセスのタートル図

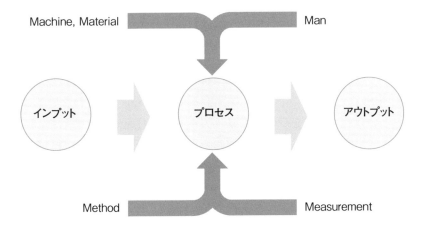

●プロセスアプローチとは

　さまざまなプロセスが首尾一貫した仕組みとして機能して、初めて顧客の満足する付加価値を提供することができます。各々のプロセスは相互に関連しており、前後のプロセスがうまく機能しなければ顧客満足度を損なうことになってしまいます。

　例えば、営業が好調で多くの受注を獲得しても、後工程の許容量を超えていれば顧客満足度は低下する懸念があります。営業部門は目先の売上のために組織の方針と異なる安易な値引きをするかもしれませんし、設計部門は顧客の要求を考えずに独りよがりな機能を考えてしまう可能性もあります。

　逆に、顧客の要求事項（明示的な要求・潜在的な要求を含む）を社内に正しく展開することができれば、どのようにすれば要求に応えられるかを考えるというプロセスも有効に機能するでしょう。

　プロセスアプローチとは、単純にいってしまえば「各々のプロセスのつながりを俯瞰して、全体最適を目指しましょう」という考え方を指しています。

　さまざまなプロセスが首尾一貫して機能し続けるには、個々のプロセスを改善しながらも、全体を見ながら PDCA サイクルを運用し、継続的にパフォーマンスが改善されている必要があります。

　このように、部分最適に陥らないよう、全体を俯瞰して顧客満足の向上を目指す考え方を、**プロセスアプローチ**と呼びます。

　ISO 9001 の重要な概念なので、他の書籍などでは、この「プロセスアプローチ」の概念・用語の解説を冒頭で行うことが多く見受けられます。それを見て「ISO って難しい」「ISO の認証には難しい言葉を使わなければならない」というイメージを受けてしまう方々を多く拝見してきました。

　初めて規格を読む方は、最初に難しい用語に捉われて詳細を調べることはおすすめしません。まずは、規格と関連付けられるよう、既に運営している事業をベースに、自組織の全体像を把握し、俯瞰するとよいでしょう。

ワークショップ①

●カレーショップの品質マネジメントシステム

ISO 9001 の特徴として、「顧客の要求事項を把握すること」および「顧客の要求事項に、どうすれば応えられるかを検討すること」をあげました。それぞれについて、カレーショップをシンプルな事例として、振り返りましょう。

●カレー完成までのプロセス

カレーを提供する過程は、図 6-5-1 のように大きく 5 つのプロセスに分けられます。

どこかのプロセスが機能しなければ、顧客満足度は低下します。従業員によって味がかわることなく、注文を間違えずに提供する必要があります。各々のプロセスは相互に関連しており、前後のプロセスをうまく機能させることが重要です。

図 6-5-1　カレーショップのプロセス

顧客の求めるカレーの特定 → カレーのレシピをつくる → カレーに必要な材料を揃える → 実際にカレーをつくる → 顧客の元へ運ぶ

1. 顧客の求めるカレーの特定
2. カレーのレシピをつくる
3. カレーに必要な材料を揃える
4. 実際にカレーをつくる
5. 顧客の元へ運ぶ

●顧客の求めるカレーの特定（顧客関連プロセス）

目的は、顧客の満足度が向上するカレーをつくり続けることです。顧客にカレーを提供するわけですから、自分の好みのカレーをつくっても、顧客は満足するとは限りません。まずは、顧客が何を求めているのかを把握しなく

てはなりません。

　店の付近にはいくつかの大学があり、顧客も学生が多く見られます。この状況から、主なターゲット層は学生と判断し、いろいろな学生からできるだけ多くの情報を集めました。

　　・安くて量のあるメニューがいい。
　　・午後にお腹が空かないよう、腹持ちのいいトッピングが欲しい。
　　・部活動の後にはボリュームのあるメニューを食べたい。
　　・ダイエット時は栄養満点の野菜を食べたい。

　集まった情報からは、一番の顧客はお腹をすかせた男子学生で、彼らを満足させるキラーメニューとして、「ボリューム満点のカツカレー」を新メニューとして取り組むこととしました。また、ショップのオーナーは、卒業して社会人になっても足を運んでくれるような魅力あるカツカレーで、できれば固定客になってもらいたいと思っています。

●カレーのレシピをつくる（設計開発プロセス）

　顧客を満足させるカレーメニューが決定しました。次は、どのような特徴を出すかが問題です。顧客からの情報だけでなく、オーナーの意向を踏まえて、カツにこだわった本格的なカツカレーにすることになりました。それをつくるためには、どのような食材（豚の銘柄）が相応しいか、食材の魅力を最大限に引き出すコメの銘柄、スパイスの配合、煮込みの火加減・時間はどうするかなどの今回のレシピを開発するうえでのポイントを決める必要があります。

　ボリューム満点の本格派のカツカレーを目指すことで、以下の点を考えることになりました。

　　・ボリューム（食材の分量）
　　・調理器具、煮込み時間・揚げ時間・油の温度、スパイスの配合
　　・カツに使う豚の銘柄、付け合わせの野菜、使用するコメの銘柄

これらのポイントは、開発での留意点だけではなく、開発中のレビューのチェック項目や開発のアウトプットをチェックするうえでも活用できます。

　一方、顧客の満足を上げるためには、商品の満足だけでなく、店舗のオペレーションも考慮する必要があります。注文受付から提供までの時間短縮、支払い方法の充実などにより、総合的な顧客満足度の向上につながります。想定する顧客層である学生のニーズをオペレーションに反映することも設計・開発活動になります。

　このように、顧客要求事項を把握してレシピや店舗オペレーションを定める段階が、仕組みの構築段階で多くの組織が悩むポイントです。しかし、それだけでは店舗を運営できません。実際には、以下のようなプロセスが日々運営されています。

●カレーに必要な材料を揃える（購買プロセス）

　レシピ通りに食材を揃える必要があります。このプロセスは簡単にいうと買い物です。買い物をよりよいものとするためには、Quality（品質）、Cost（費用）、Delivery（納期）の3つを意識することが大切になります。

- ・Quality：肉・野菜・コメの銘柄が揃っており、大きさや味は求める基準を満たしているか。
- ・Cost：予定の金額で購入できるか。
- ・Delivery：仕込み開始の時間に材料を届けてくれるか。

　もしも、思い通りに購入ができない場合は業者との交渉やレシピの再検討が必要となります。

●実際にカレーを作る（製造プロセス）

　いよいよカツカレーをつくります。その際は「設計・開発プロセス」にて作成したレシピや、「購買プロセス」にて購入した材料を活用しますので、さまざまなプロセスと相互に関連していることがわかります。

　また、調理ができる力量も求められます。力量を持った人材を採用するか、研修により力量を身に付けるなどの施策が必要となりますので、共通要素（第

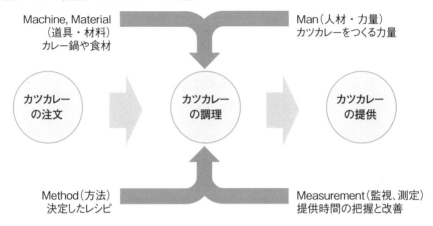

図 6-5-2　製造プロセスのタートル図

Machine, Material
（道具・材料）
カレー鍋や食材

Man（人材・力量）
カツカレーをつくる力量

カツカレー
の注文

カツカレー
の調理

カツカレー
の提供

Method（方法）
決定したレシピ

Measurement（監視、測定）
提供時間の把握と改善

3章）の「支援プロセス」とも関連しています。

　さらに、製造プロセスが有効に機能しているか把握するためには、注文受付からの提供時間や食べ残しの量といった指標を設け、監視・測定する必要があるでしょう。カレーを調理するプロセスをまとめると、図6-5-2のタートル図になります。

●顧客の元へ運ぶ（提供プロセス）

　顧客と直接接するプロセスです。設計段階で検討したオペレーションの検討内容に沿って、注文の受け方、盛り付け方、運び方のルールを決めておきます。

●満足度の監視・測定

　多くのプロセスを経て、顧客の元へボリューム満点のカツカレーが届きました。しかし、品質マネジメントシステムはそこで終わりません。顧客が満足するカレーをつくり続けること、さらに満足するよう改善を行う必要があります。そのためには、顧客の満足度を確認することが重要となります。これが**監視・測定**です。

　例えば、従業員が入れ替わっても一定の水準を保っているのか、カレーの提供時間や注文間違いの件数、リピーターの割合などを把握する必要があります。また、顧客の好みや満足度が変わることがあります。夏場は爽やかな

辛さが求められれば、期間限定メニューを考える必要があるかもしれません。さまざまな課題を継続的に改善することで、顧客の要求に適うカレーをつくり続けることができるのです。

●企業での導入にあたって

　このようなシンプルな事例でも、全体最適を目指す必要があることがわかります。大学の近くで多くの学生を相手に、安価でボリュームが特徴のカツカレーを提供するのであれば、アルバイト従業員でも調理できるレシピが必要となり、アルバイトの人材が不足しているならば採用の仕組みも見直す必要があるでしょう。本格的なカツカレーを提供し、リピーターを多く確保したい店舗では、力量の高い調理師を採用することになります。その場合は、募集するプロセスも媒体も変わるでしょう。前者と後者では、採用後の教育内容もまったく異なることは明らかです。

　什器や調度品についても、落ち着いた雰囲気づくりを目指す店舗もあれば、客席の回転率を重視したレイアウトを目指す店舗もあるでしょう。さらに、近隣に競合の店舗ができれば、価格やボリュームの見直しが必要になるかもしれません。

　実際の組織でも同じことがいえます。どんな組織でも、個々のプロセスだけを見るのではなく、力量やインフラなどの支援プロセスも含めて、すべてのプロセスが首尾一貫・調和する必要があります。このように全体最適を目指す考え方が**プロセスアプローチ**です。

　しかし、実際の組織では、さらに多くのプロセスがあり、さまざまな要素で状況が変化する極めて複雑な構図です。マネジメントシステムの構築を始める場合は、要求事項に従って仕組みを1つずつ構築するのではなく、大まかでもよいので今ある仕組みをありのままにプロセスで図示することから始めましょう。全体を俯瞰することが重要です。そのうえで、各プロセスが首尾一貫しているか、全体調和の観点で課題はないかなどの考察を行いましょう。その際の指針は、「顧客満足を獲得しているか」、「トップマネジメントの方針を実現できているか」の視点です。

　ISO 9001は顧客満足度の向上を目的とした全体最適のマネジメントシステムの標準を提供しています。是非ともご活用ください。

💬 購入者と供給者

　ISO マネジメントシステムは、1987 年に発行された ISO 9000 シリーズが最初です。その規格の基礎と背景となったのが、軍需産業における品質管理の仕組みや原子力産業においての品質保証の仕組みづくりです。マネジメントシステム規格を制定しようとした動機は、購入者である軍や電力会社にありました。軍や電力会社が、機器・部品・材料を納める企業に対して、品質管理の徹底、品質保証の確立を求める際のルールと、これら企業を評価する際の基準としてマネジメントシステム規格が制定されました。ISO 9001 規格の 1987 年版と 1994 年版は、その経緯を受け継いでおり、規格の文章は供給者を主語として、「供給者は、…しなくてはならない（The supplier shall ….)」と書かれていました。購入者が納入企業に要求する購入者のための規格、購入者が主役の規格だったわけです。

　その後、ISO 9001 が各方面で普及し、規格の主題がこれまでの品質管理や品質保証から、これらを包含した、より一般的なマネジメントへと変遷しました。この流れを受けて改定された規格が 2000 年版になります。2000 年版以降の ISO 9001 規格では、「組織は、…しなくてはならない。（The organization shall ….)」と文章の主語が供給者から組織に置き換えられました。比較するとすれば、供給者が主役の規格となったわけです。供給者が購入者から求められて活動するのではなく、供給者自らが自律的に活動する自立したマネジメントが求められるようになったといえます。

第7章

ISO 14001の特徴

　ISO 14001 は、ISO 9001 に次いで世界で多くの組織が認証を取得しているマネジメントシステム規格です。組織が、自らの活動が環境に及ぼす影響を継続的に改善することを目的とした EMS（環境マネジメントシステム）のフレームワークを提供します。

　地球温暖化やプラスチックごみによる海洋汚染など地球規模での環境問題がクローズアップされている今日において、環境に配慮した事業運営の必要性はいうまでもありません。また、環境に対する組織の取り組みを考慮する投資家が増えています。社会の一員として、社会的責任を果たすことが、ますます強く求められるでしょう。

7-1 環境とは

●環境とは

ISO 14001 では、「環境」を次のように定義しています。

「大気、水、土地、天然資源、植物、動物、人およびそれらの相互関係を含む、組織の活動をとりまくもの。」(ISO 14001　3.2.1)

地球温暖化、海水温の上昇、海面の上昇など、地球の環境にはさまざまな変化が起きています。それに伴い、異常気象や自然災害もこれまでとは違った被害が見受けられるようになっています。このような環境の変化の中で事業を営み、将来の生活を維持するためには、持続可能な開発と健全な発展を目指す必要があります。

ISO 14001 は、将来のために環境・社会・経済のバランスを考慮して持続可能な発展を目指すことを指しています。環境をテーマにした活動というと、地域の清掃や植樹などのボランティア活動、ゴミの分別や消灯など、本業の主業務とは違う活動に注目される方もいるかもしれません。しかし、規格の主旨は、環境のために費用をかけて（本来の事業とは異なる）特別な取り組みを推奨しているわけでもなければ、紙・ゴミ・電気の削減のみを意図しているわけでもありません。

ISO 14001 は将来のために環境・社会・経済の3つの要素がバランスよく構成されることを目指した規格です。組織がどのように環境に作用しているか把握し、影響度合いに応じた管理をするための要求事項が書かれています。

●環境に関するトレンド

社会的な問題として、すべての組織が環境に取り組む必要があることは明白でしょう。そこで、経営者も ESG や SDGs の概念を踏まえて意思決定することが必要になってきています。ESG とは、環境（Environment）・社会（Social）・ガバナンス（Governance）の頭文字を指しています。ESG は長期的な成長に必要な視点と考えられており、社会的なニーズと環境を踏まえ

て自組織を統制する、という思想は ISO 14001 と共通しています。つまり、ISO 14001 の活用は、ESG のバランスによる長期的な成長にも活用できると考えられます。また、ESG 投資という言葉も使われており、一部では市場・社会からの ESG 評価が株式市場や資金調達に影響する場面も生じています。

一方で、SDGs という用語も使用される場面が増えてきました。**SDGs** とは、Sustainable Development Goals の略称を指しており、2015 年に国連で採択された目標です。日本語では**持続可能な開発目標**と呼ばれています。

SDGs では、環境に加えて貧困や児童労働なども含めた 17 の目標があげられており、いずれも社会的な課題として取り組む必要がある重要なテーマです。

その中でも、気候変動やエネルギー、海・陸の豊さといった要素は、特に ISO 14001 と親和性が高いといえます。ISO 14001 を有効に活用して SDGs で設定されている目標に取り組むこと（取り組んでいることを社会にアピールすること）や、目標を達成する動きが広がりを見せています。

図 7-1-1　SDGs に書かれた 17 の目標

出典：国際連合広報センター HP

7 | 2 環境側面と環境影響

●環境側面

　事業を運営しながら環境の保護に取り組むためには、自組織の活動がどのように環境に作用している（負荷を与えている・貢献している）か、その全体像を把握することが重要です。事業を運営していくうえでは、自ずとエネルギーを消費し、廃棄物が生じます。業種によっては排水や煤煙が多く発生することもあるでしょう。どのような活動が、どのように影響しているのか、洗い出すことで全体像を把握することができます。

図 7-2-1　さまざまな環境側面のイメージ

　規格の中で、環境側面は以下のように定義されています。
　「環境と相互に作用する、または相互に作用する可能性のある、組織の活動または製品またはサービスの要素。」（ISO 14001　3.2.2）
　端的にいえば「環境に作用する要素」といい換えられます。日頃の事業運営では、資源を投入し、さまざまなプロセスでエネルギーを利用して、製品もしくはサービスとして付加価値を提供しています。投入される資材、排出される水や廃棄物などが環境側面としてあげられます。

図7-2-2　各プロセスでの環境側面

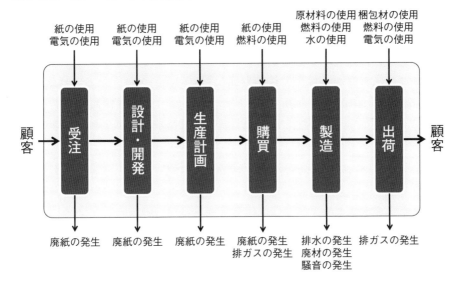

環境側面を洗い出すにはさまざまな手法があり、各組織でそれぞれ工夫されています。例えば、プロセスに注目する方法があり、各プロセスで投入される資源や利用されるエネルギーを洗い出すことで、組織の環境側面を把握することができます。まずは、組織の環境側面を洗い出し全体像を把握することが、環境マネジメントシステム構築への第一歩といえるでしょう。

●順守義務

　環境側面の中には、法令の順守が厳しく求められる場合があります。例えば、排水や煤煙、騒音などに関する法律だけではなく、地域ごとの条例も順守する必要があります。加えて、廃棄物処理業などのように、業務内容によっては行政機関の許認可に直結する法令もあるでしょう。

　一方で、規格の序文には以下のように記載されています。

　「厳格化が進む法律、汚染による環境への負荷の増大、資源の非効率的な使用、不適切な廃棄物管理、気候変動、生態系の劣化および生物多様性の喪失に伴い、持続可能な開発、透明性および説明責任に対する社会の期待は高まっている。」（ISO 14001　0.2）

　規格に記載されている「透明性」や「説明責任」を実現するには、法令の

順守義務を改めて確認する必要があります。もちろん、多くの組織では、普段からさまざまな法令を遵守しながら事業を運営しているでしょう。しかし、もし何らかの不備があれば、行政処分や行政指導の対象になる可能性があります。また、利害関係者からも厳しい批判を受ける可能性も考えられます。

　社会と共生しながら健全で持続可能な形での発展を目指すという観点は、ISO 14001 の特徴的な考え方と読み取れるでしょう。環境側面に関する法令を把握することで、透明性を保ち説明責任を果たすことができると考えられています。

　規格の中では、洗い出された順守義務を「組織にどのように適用するか決定する」ということも求められています。現状の運用がないがしろにされないよう確認することや、法令の改定を把握するためのルールを整備しておくことが有効でしょう。

　例えば、現状で順守している法令を一覧にまとめて、法務担当を選任し、定期的に改訂の有無を確認する手順を定める組織が多く見受けられます。改訂があれば、改訂内容に応じて適切な会議体・部署などと連携して、新たな法令に基づく運用を検討します。

　順守義務の洗い出しに際して、できるだけ広く洗い出すことは、有効に機能するための工夫の１つです。実は、普段は意識していないだけで環境にも関係している法令があります。例えば、環境に配慮した新製品を訴求する際には景品表示法に抵触しないかの検討や、投資家向けに公開する情報やCSR 報告書の環境に関する取り組み情報に誤りがあり金融証券取引法に抵触しないかの検討を考慮する必要があります。

　法令を順守する、というと一見当たり前に見えるかもしれません。しかし、順守義務を継続して満たすためには、環境側面に関する法令をあらためて確認し、それを順守し続ける仕組みを構築することが重要となり、社会が組織に期待する「持続可能な開発」、「透明性を保ち説明責任を果たすこと」に必要な取り組みと考えることができます。

●環境影響評価

　洗い出した環境側面の中には、著しく大きな影響を及ぼす側面もあれば、影響の限定的な側面、さらに直接的には管理しづらい側面もあるでしょう。例えば、製造工程で排出される煤煙や排水は非常に大きな影響を及ぼします。他方、事務所で使用する電気や紙の使用による影響は限定的かもしれません。また、外部委託の業務では、直接的に管理しづらい可能性もあります。

　これらのすべてに経営資源を割くことは難しいので、影響の大きな環境側面に注力することが現実的でしょう。そこで、著しく大きな影響を及ぼす環境側面（著しい環境側面）を特定することが求められています。著しい環境側面については、優先的に環境目標に反映し、取り組みを具体化するなど継続的に管理するための対策が要求されます。環境目標を設定し監視・測定を通してPDCAサイクルを運用することで、パフォーマンスの改善が期待できます。

　著しい環境側面の特定にはさまざまな手法がありますが、評価要素のポイントから算出する手法が多く見受けられます。例えば、環境に作用している要素（環境側面）を洗い出し、影響を及ぼす範囲を数えてポイントを算出し、経済性と実効性リスクを掛け合わせることで著しい環境側面を決定する手法です。また、会議体を通して決定する手法が用いられる場合もあるでしょう。

　環境側面の中には環境に対してポジティブな影響を与えるものもあります。原材料にリサイクル材を利用する、グリーン調達を行う、製造工程の省エネルギー化を図る、製品の輸送効率を向上する、廃棄物をリサイクル処理する、などがあげられます。組織の本来業務には環境にマイナスの影響を与える活動ばかりではなく、いわゆる「プラスの環境側面」も多くあり、これらについても特定することになります。

表 7-2-1　環境影響評価の例

該当プロセス	活動例	環境側面	環境影響の評価								著しい環境側面
			水	土地・土壌	廃棄物	天然資源	影響範囲	経済性	実行性	総合評価	
受注プロセス	顧客への訪問	社用車のガソリン消費				○	1	3	3	9	○
	見積の提示・契約手続き	紙の消費			○	○	2	1	2	4	
設計・開発プロセス	新製品の企画書作成	紙の消費			○	○	2	1	2	4	
	試作品の制作・試験	原材料の投入設備の利用	○		○	○	3	3	2	18	○
生産計画プロセス	計画の策定	紙の消費			○	○	2				

　前述してきたような環境側面の洗い出し、環境影響の評価（著しい環境側面の特定）に際して、共通の概念としてライフサイクルを考慮することが求められています。

　ライフサイクルとは、以下のように定義されています。

　「原材料の取得または天然資源の産出から、最終処分までを含む、連続的でかつ相互に関連する製品（またはサービス）システムの段階群」（ISO 14001 3.3.3）

　事業内容によっては、サプライヤーやユーザの方が多くのエネルギーを使う場合も考えられるでしょう。

　例えば、自動車の場合、自動車メーカーの製造工程で使用される原材料やエネルギーよりも、サプライヤーが部品をつくる工程の環境側面や、購入後にユーザが走行する際のエネルギー消費が大きいといえます。自動車メーカーの環境への取り組みは、サプライヤーの指導（場合によってはサプライヤーの選定）や燃費向上に向けた設計開発といった部分も含まれます。

　また、設計開発の業務には、さまざまなシミュレーターや設計支援ツールを使用しているでしょう。情報システムやデータの保管場所を、クラウドサービスの導入により外部のデータセンターに移行する組織も増えています。個別の組織のオンプレミスな環境で運用されているよりも、インフラを共有した方が効率的ということを考慮すると、データセンターの利用は情報セキュリティだけではなく環境にも有益な取り組みといえるでしょう。

　一部では、業務を委託することで、自組織のエネルギー使用量を減らしてCSRレポートに記載する組織もあるかもしれません。委託先のエネルギー効率がよければそれも選択肢になりますが、そうでない場合、ライフサイクルの視点に立てば、環境に及ぼす影響はまったく変わっていません。サプライチェーンの上流・下流に視野を広げて考える必要があります。

　ライフサイクルの視点を考慮することは必要ですが、詳細なライフサイクルアセスメント（LCA）を要求されているわけでありません。具体的な手

法は組織によりさまざまですが、自組織の活動が直接作用している環境側面だけでなく、製品・サービスの利用や廃棄、リサイクルも含めて、環境に作用する要素を幅広く考えることが要求されています。

環境側面の洗い出しと同じプロセスを想定してみましょう。以下のようなプロセスの製造業であれば、ライフサイクルの視点を導入することで、製品の使用・廃棄に関わる環境側面も見つけることができます。

省エネ製品の開発やリサイクルといった考え方も含むことで、環境側面の洗い出し・影響の評価の視野を広げることができます。

運営している事業の周辺にどのような利害関係者がいるのか、特にサプライヤー・顧客を経由して作用している環境側面があるか、に注目すると有効でしょう。

図 7-3-1　環境影響評価の例

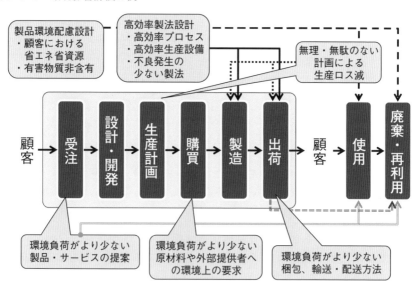

ワークショップ②

●カレーショップの環境マネジメントシステム

ISO 9001 ではカレーをつくるプロセスを参考に、品質マネジメントシステムのポイントを整理しました。それに倣って、環境マネジメントシステムもカレーの調理でポイントを整理してみましょう。

実際にカレーをつくる際には、コンロに火を付けるためにガスを使い、材料を洗ったり煮たりするさまざまな場面で水を使います。他にも、材料の余りが出る場合など、さまざまな環境側面があります。

●カレーショップの環境側面、影響評価

環境側面は、各プロセスから洗い出す方法を採用しました。その結果、調理プロセスでの水・ガスの利用を著しい環境側面として取り扱うこととしました。

●カレーショップのライフサイクル

カレーショップでは、食材やエネルギーを調達して、調理プロセスを経て付加価値を提供しています。例えば、良質な農場・土壌の維持に貢献する食材調達は、ライフサイクルの視点を用いて、視野を広げた取り組みの1つといえるでしょう。

●カレーショップによって異なる環境マネジメント

著しい環境側面を特定した後、取り組むべき内容は事業特性に応じて変わります。有機栽培をしている特定の契約農場から食材を調達すれば、有機野菜の自然で健康的なイメージを伝えることもできるでしょう。良質な土壌を維持するだけでなく、顧客への訴求力を向上することで、環境と本来の事業を両立しています。

しかし、学生を主な顧客層としており、値段とボリュームが求められるカレーショップでは、そぐわないかもしれません。学生を主な顧客層としてい

表 7-4-1　カレーショップの環境側面

該当プロセス	業務内容	環境影響	環境影響の評価								著しい環境側面
			排水	土壌	廃棄物	天然資源	影響範囲	経済性	貢献度	総合評価	
受注プロセス	注文の受付	紙の利用			○		1	1	2	2	
調理プロセス	カレーの調理	水・ガスの利用	○			○	2	3	2	12	◎
		廃油・端材の廃棄			○		1	2	2	4	
	食器・調理器具の洗浄	水・電気・洗剤の利用	○		○	○	3	1	2	6	
	残り物の片づけ	食材の廃棄			○		1	3	3	9	
会計プロセス	レシートの発行	紙の利用			○		1	1	2	2	
	電子マネーの決済処理	電気の利用			○		1	1	1	1	
購買プロセス	食材の選定・購買	良質な農場の維持		○		○	2	3	3	18	◎
設計プロセス	試作品の調理、試食	食材の調理、廃棄	○		○		3	3	3	27	◎

れば、形のくずれた野菜を安価で購入して、食品ロスを削減する取り組みが考えられます。これも、環境側面に対して有益な活動の1つです。具体的な取り組み内容は、事業特性に応じて、それぞれの組織の特徴が表れます。

　事務局としては、「○○社は△△に取り組んでいるようだ」「これからは□□という概念を導入しなければならない」といった他社のキーワードに頼りたくなるかもしれません。他社の事例を参考にすることは有益ですが、4章で記載したように、表面的に導入すると形骸化することがあります。特に、環境に対する取り組みは、結果や成果がすぐに出ないこともあり、形骸化に陥りやすい傾向が見受けられます。

　また、環境に貢献することだけを目的にしてしまうと、窮屈な活動になってしまうかもしれません。事業運営の考え方から乖離することは、環境・社会・経済のバランスを実現する目的からも乖離していることになります。本来の事業と環境を両立することに立ち返り、そのための工夫を模索していく事が、有効に取り組むうえでの事務局の心構えといえるでしょう。

第8章

ISO/IEC 27001
の特徴

2002 年に ISMS 認証制度が日本で本格的に始動し、その後の 2005 年に ISO/IEC 27001 が発行されました。

情報セキュリティに関する事件・事故は時代とともに変化し、複雑化、巧妙化、高度化、多様化、悪質化してきています。そのため各組織では、技術的、人的、組織的、物理的と広範な対策が求められます。ICT 技術の発展に伴い、新たな脆弱性が生じることもある一方で、事業を運営するには情報資産の活用が不可欠となっています。

そのため、情報セキュリティマネジメントシステムを構築・運用することはますます重要になるでしょう。

8 -1 情報セキュリティとは

●情報セキュリティとは

ISO/IEC 27001:2013（以下、ISO/IEC 27001）は、情報セキュリティマネジメントシステムの国際規格であり、規格を読むうえでは「情報セキュリティ」とは何か理解する必要があります。以下のような質問は、よくある誤解の一部ですが、頻繁に遭遇します。

「情報セキュリティの国際規格には、どのようなネットワーク構成が求められているか？」

「情報セキュリティの国際規格には、サイバー攻撃から情報を守るための技術的な仕様が書いてあるのか？」

実は、具体的な情報システムの要件や技術的な仕様は書かれていません。ネットワーク環境の構築や、ネットワーク機器・記憶媒体などのハードウェアの取り扱いは、情報セキュリティのために必要な取り組みの重要な一部ではあります。しかしながら、具体的な対策は各組織の事情に応じて変わります。

そこで、この規格では、何を優先して・どの程度まで、取り組むべきなのか、自組織の事情に即した仕組みを構築・運用するための枠組みが書かれています。

この規格では、情報セキュリティを以下のように定義しています。

「情報の機密性、完全性および可用性を維持すること。」（ISO/IEC 27000: 2018　3.28）

つまり、情報セキュリティとは、情報の機密性・完全性・可用性のバランスを適切に管理することを指しており、機密性を確保するだけではありません。情報セキュリティマネジメントシステムの要求事項である ISO/IEC 27001 は、3つのバランスを適切に管理し、情報を有効活用するための組織の枠組みを示しています。

機密性・完全性・可用性という用語については、規格の定義ではわかりづ

らいかもしれませんので、次のように補足します。

●機密性

　機密性とは、限られた人にしか閲覧・編集させない特性を指しています。高い機密性が求められる情報資産は、閲覧または編集できる人を厳密に管理し、それ以外の人は扱えないように管理する必要があります。情報セキュリティの中でも、多くの方々に想像しやすい特性ではないでしょうか。

　例えば、顧客から提示されたネットワーク構成や製品図面など、外部に開示されずに取り扱う必要がある情報資産は、漏洩した場合の影響が大きい（機密性が高い）情報資産といえます。

●完全性

　完全性とは、正確で完全さが要求される特性を指しています。間違いや、抜け漏れのない情報を取り扱うことができるよう、情報資産を適切に管理することが求められることを指しています。

　例えば、顧客名簿や決算書類など、正しい情報の最新版を明確に管理する必要がある情報資産は、間違えた場合に影響が大きい（完全性が高い）情報資産といえます。

●可用性

　可用性とは、アクセスおよび使用が可能である特性を指しています。

　機密性を高めることだけではなく、情報資産を適時適切に取り扱うことができる状態を保つことを指しており、円滑に事業を運営するためには重要な特性です。

　例えば、情報システムやネットワーク機器、操作に用いる端末は、使用できない場合の影響が大きい（可用性が高い）情報資産といえます。

情報資産

●情報資産の洗い出し

　情報セキュリティの対象は、すべての情報資産です。もちろん個人情報だけではありません。

　日頃から、事業を運営するうえでさまざまな情報資産が活用されています。例えば、顧客のリストや連絡先、社内のノウハウを凝縮した手順書や社内規定、それらを効率よく運用するためのネットワーク設備や情報システムなど、さまざまな情報資産を活用して、付加価値を提供しているでしょう。これらのすべてが情報資産に含まれます。

　情報セキュリティの第一歩は、自組織の情報資産をすべて把握することから始まります。

●重要な情報資産の特定

　すべての情報資産を洗い出すと、非常に重要な情報資産もあれば、重要度がそれほど高くない情報資産も含まれているでしょう。そこで、重要な情報資産を適切に管理するには「重要な情報資産」を特定する必要があります。事業内容や組織の特徴に応じて、何を「重要な情報資産」とするのか変わってきますが、前述の3つの要素が高く求められる情報資産であれば、重要と考えていいでしょう。

●情報資産の評価の例

　文房具や消耗品の購買にインターネットの通信販売を用いる組織も多いのではないでしょうか。

　例えば、情報資産を洗い出したところ総務部門が備品の購買に利用する「通販サイトのログインID・パスワード」があげられたとします。その情報資産の価値を、前述の3つの要素を用いて評価することができます。

　機密性については、社内でも一部の人員しか権限がないならば高い機密性

表 8-2-1　情報資産の評価

No	資産	管理責任者	資産の価値		
			機密性	完全性	可用性
001	通販サイト ログイン ID	総務部長	4	2	1
002	契約書 B	アウトソーシング	2	3	1

資産の価値	クラス	説明	機密性
1	公開	第三者に開示・提供が可能	
2	社外秘	組織内では開示・提供が可能（第三者には不可）	
3	秘密	特定の関係者または部署のみに開示・適用が可能	
4	極秘	情報の関係者のみに開示・提供が可能	

資産の価値	クラス	説明	完全性
1	低	情報の内容を意図せずに変更された場合、ビジネスの影響は少ない	
2	中	情報の内容を意図せずに変更された場合、ビジネスの影響は大きい	
3	高	情報の内容を意図せずに変更された場合、ビジネスの影響は深刻・重大	

資産の価値	クラス	説明	可用性
1	低	1 日の情報システム停止が許容される	
2	中	1 時間の情報システム停止が許容される 業務時間ないの利用は保証する	
3	高	1 分間未満の情報システム停止が許容される 1 年 365 日、1 日 24 時間のうち、99.9％以上利用できることを保証する	

が必要とされていると評価できます。

　完全性については、間違えても紛失しても、大きな問題にはならず再入力を求められるということを踏まえて評価できます。可用性については、所定の回数連続して間違えた場合など、翌日まで使えなくなるケースも想定されますが、影響度合いは大きくないと評価できます。

　なお、今回は例として表 8-2-1 のように評価していますが、各要素を何段階で評価するか明確な要求事項はなく、各組織が工夫して運用しています。また、各要素の評価を踏まえて重要な情報資産を特定するには、合計する・乗じる・最大値を取る、などさまざまな手法があります。

リスクアセスメント

●リスクアセスメントとは

　アセスメントを直訳すると「評価」となります。文字通り、リスクアセスメントは、リスクを評価することと考えるとわかりやすいでしょう。洗い出した情報資産がどのようなリスクに晒されているか、リスクの大きさや優先順位を把握することで、有効な対策を施すことができます。

　当然ですが、重要な情報資産が大きな脅威に晒されていれば、しっかりと対策をしなければなりません。ただ、「重要な情報資産が大きな脅威に晒されていれば、しっかりと対策をしなければならない」ということは、裏を返せば「重要度や脅威が程々な情報資産であれば、それなりの管理でかまわない」ということもいえます。限られた経営資源を、どんな対策に割けば有効か、リスクアセスメントを通して確認することができます。

　図8-3-1のように、リスクアセスメントでは、情報資産の重要性（もしものときの影響度合い）と脅威の発生確率や現状取っている対策の脆弱性から、リスクを評価することできます。

図8-3-1　リスクアセスメントの概要

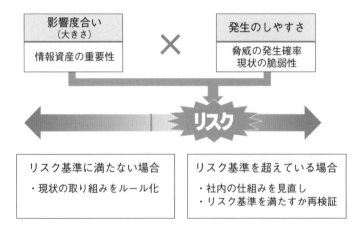

リスクアセスメントの結果、リスク基準を超えている場合は、これまでの仕組みを見直す必要があります。一方、リスク基準に満たない場合は、現状の取り組みでも十分に許容できるリスクといえます。

●リスク基準

　リスク基準とは、どこまでリスクを受容できるか、という水準を指しています。リスクアセスメントの結果を、リスク基準と比較することで現状の対策が有効か判断することができます。

　先ほどのアカウント情報でいえば、パスワードの桁数や記号と英数字を含める取り組みなど、組織の基準により対策の内容も異なります。

　他には、所定のエリアには限られた要員だけが入室できるよう入退管理をする場面もあるでしょう。入退の管理策でも、組織によりさまざまな対策が導入されています。帰宅時に事務所を施錠するという組織もあれば、全員にカードキーを配付して入退のログを取得している組織もあります。場合によっては、生体認証で登録された要員だけが入室できるということも考えられます。

　このように、組織が直面する情報資産に対する脅威はさまざまであり、規模や業態に応じて自組織に合った対策を導入しています。リスクテイクを厭わずに積極的に事業を展開する組織もあれば、できる限りリスクを低減して、最低限のリスクを受容する組織もあります。自組織の考え方に応じたリスク基準を設定する必要があります。

●脅威の洗い出し

　情報資産がどのようなリスクに晒されているか、できるだけ漏れなく脅威の洗い出しをすることが、リスクを評価する重要な項目です。

　情報資産の1つとしてあげられた「通販サイトのアカウント情報」であれば、なりすましなどの脅威が考えられます。また、入退管理でいえば、不正侵入による盗難や盗聴の脅威が考えられます。次のような例を見ても、さまざまな脅威に晒されていることが伺えます。

　また、脅威はさまざまに変化します。技術的な進歩に応じて新たなリスクが生じる場合や、技術的な脆弱性が見つかる場合など、見直しが必要となりますので定期的に見直すルールも整備しておく必要があります。

135

表 8-3-1 考えられる脅威の例

脅威分類	1. 災害、環境のリスク	2. ハード・ソフトに対するリスク	3. 外部（第三者）からのリスク	4. 内部スタッフ／運用に関するリスク	5. 法的関連のリスク
脅威項目	地震	ケーブル損傷	意図的な設備破壊	情報の不正使用	法律的または規制上の違反
	火災	電源装置の故障	不正アクセス（なりすまし）	ユーザによる過失	ソフトの不法輸出入
	洪水、台風、津波	空調の不具合	盗聴	無認可ユーザによるソフトの使用	ソフトの不法使用
	雷	情報システムの故障	盗難	メッセージの誤送または再送	違法システムによるアプリ開発
	（ほこり）	ネットワーク構成部品の故障	不正なソフトの使用	設備、機器の誤用	法違反となるシステムのオペレーション業務
	温度、湿度	記憶媒体の劣化	コンピュータウイルス、ワーム	オペレーションミス	通信事業法の届出違反
	電磁波放射	トラフィック過負荷	保守上の過失	システム設定ミス	個人情報保護法への対応
	新型インフルエンザ	通信サービスの故障	拒絶（否認行為）	不正持ち出し	
		ソフトの故障	停電、断水	力量不足	
			不安定な電源		

●リスクアセスメントの例

　繰り返しますが、重要な情報資産が大きな脅威に晒されていれば十分な対策をしなければなりません。

　そこで、洗い出した情報資産と脅威をアセスメント（評価）する段階に入ります。ここでは、洗い出した脅威に対して、既に取っている対策と脆弱性を加味して、評価する事例を紹介します。なお、表8-3-2で示した数値は参考値です。重要な情報資産を特定する場面と同様に、リスクアセスメントの手法も組織によりさまざまです。リスクアセスメントを終えてから、必要な対策を検討することができます。

表 8-3-2　リスクアセスメントの例

| No | 資産 | 管理責任者 | 評価基準 | | | リスク値 |
			資産価値	脅威	脆弱性	（積）
001	通販サイト ログイン ID	総務部長	4	2	4	32
002	契約書 B	アウトソーシング				

資産価値

| No | 資産 | 管理責任者 | 判断基準 | | | 資産価値 |
			機密性	完全性	可用性	（最大値）
001	通販サイト ログイン ID	総務部長	4	2	1	4
002	契約書 B	アウトソーシング	2	3	1	3

脅威

| | | 脅威 |
大きさ	クラス	説明
1	小	脅威の発生する可能性は低い
2	中	脅威の発生する可能性は中程度である
3	大	脅威の発生する可能性は高い

脆弱性

| | | 脆弱性 |
大きさ	クラス	説明
1	極低	適切な対策が講じられていて極めて安全である（プロへの対応）
2	低	適切な対策が講じられていて安全である（故意）
3	中	対策の追加などにより改善の余地がある（過失・ミス）
4	高	全く対策が講じられておらず脆弱である（対応なし）

8 -4 リスク対応と残留リスク

●リスク対応

　組織の情報資産がどのような脅威に晒されているか可視化することができたとします。次に、リスクアセスメントの結果を考慮して、必要な対応を選定することが求められています。リスクに対応するには、表 8-4-1 の 4 つの選択肢を検討します。

表 8-4-1　リスク対応の選択肢

低減	対策の導入・強化によりリスクを低減する
保有（受容）	経営判断によりリスクを受容する
回避	リスクのある業務を止める、資産を持たない
共有（移転）	業務をアウトソースしたり保険をかけるなど

　ここで、リスクを回避するという選択はリスクを抱えないことを指しています。しかし、「これだけのリスクがあるなら事業を撤退する」という決断は現実的に難しいでしょう。そこで、最初に検討すべきは、リスクを低減するという対策です。前述の入退管理であれば、設備の更新やログの取得、さらに生体認証の導入などの対策で、リスクを低減することができます。

図 8-4-1　リスク値の変化

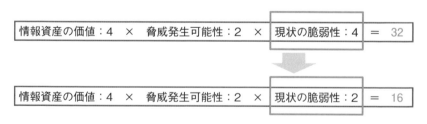

| 情報資産の価値：4 | × | 脅威発生可能性：2 | × | 現状の脆弱性：4 | = | 32 |

| 情報資産の価値：4 | × | 脅威発生可能性：2 | × | 現状の脆弱性：2 | = | 16 |

　通販サイトのアカウント情報でいえば「各サイトでパスワードを変更する」といった対策や「パスワードは○桁以上で、数字と英字の両方を使う」といった対策が考えられます。対策の導入により脆弱性の評価が変わると、リス

ク値を下げることができます。このように、リスクを低減する対策を ISO/IEC 27001 では**管理策**と呼んでいます。

●残留リスクとは

リスクアセスメントの結果を踏まえて、対策を導入することでリスクを低減することができます。しかし、リスクを低減することはできても、なくなるわけではありません。

例えば、先ほどの入退管理を例として考えると、「帰宅時に施錠する」という対策よりも、「入退管理システムとカードキーを導入し全員の入退ログを取得する」という対策の方がリスクは低減されていると評価できます。生体認証を導入することで悪意のある侵入者という脅威はさらに低減できます。それでも「内部の人間による意図的な漏洩・破損は？」と聞かれると「絶対に大丈夫」とはいい切れないと考えられます。どこまで対策しても、リスクはゼロにはなりません。対策をしても残留しているリスクを**残留リスク**と呼びます。

常に残留リスクがあり、リスクはゼロにならないと理解しておきましょう。残留リスクがあることは理解したうえで、どの程度の残留リスクがあるか、それはリスク基準を超えているのか、といった点を把握する必要があります。

●リスク対応計画

理想的な状態を想像すると、すべてのリスクがリスク基準を超えないようにさまざまな対策を施したうえで残留リスクを把握し、適切に管理されている状態といえるかもしれません。

しかし実際は、限られた予算や人員で短期では対処しきれないことも考えられます。例えば、設備投資が必要な場面やシステム改修に時間を要する場面では、一時的にリスク基準を超えているケースもあるでしょう。これらのケースでは中期的にリスクを低減するための計画を策定する必要があります。

そのための計画を**リスク対応計画**と呼ぶ組織が多く見受けられます。リスク対応計画の中では、リスクの所有者やいつまでに、どのように、リスクを低減するのか、といった今後の予定を明確にします。そして、内部監査やマネジメントレビューを通して、計画通りに進捗しているかを確認します。

ワークショップ③

●カレーショップの情報セキュリティ

カレーショップを想像してみると、さまざまな情報資産があります。例えば、スパイスの配合や隠し味は、機密性の高い情報資産となるでしょう。

一方で、新人のアルバイト店員でも業務に支障がないよう、盛り付けや配膳の手順、掃除する際のチェックリストなどの情報資産は、いつでも使える状態が求められることから、可用性の高い情報資産といえます。

そこで、カレーショップでの情報セキュリティに必要な取り組み例を簡単に紹介します。ここでは、簡単にまとめるために、情報資産の一覧とリスクアセスメントを1つの表に集約して記載します。また、表8-3-2（リスクアセスメントの例）と同様の方法でリスク値を算出しています。

●情報資産の洗い出し

カレーショップでも、さまざまな情報資産が想定されます。中でも、以下のような情報資産が非常に重要と判断することができます。

・レシピ
・顧客名簿、POS データなどの個人情報
・レジスターや電子マネーのリーダー、PC などの設備

●リスクアセスメント

さまざまなリスクが想定されますが、リスク基準を12以内と仮定します。今回の例では、「レジスターや電子マネーのリーダーが水濡れによって故障する」ことが重要な情報資産に対するリスクと評価しましたが、レジスターや電子マネーのリーダーがキッチンから離れていることが十分な対策であると考えられるので、他のリスクへの対策や資源の投入を優先することができます。

表 8-5-1 カレーショップの情報セキュリティ

No.	情報資産 情報資産名称	機密性	完全性	可用性	評価点	リスク 脅威	脅威のレベル	現状の運用	現状の脆弱性レベル	リスク値	対策 導入する管理策	導入後のリスク値
1	仕込みのレシピ	4	3	3	4	従業員による漏洩	3	キッチンの引き出しに保管	3	36	事務室の引き出しに施錠して保管する	12
2	業務手順（盛り付け写真など）	2	3	3	3	水にぬれて読めない	2	キッチンに紙媒体で掲載	3	18	耐水紙に印刷する	6
3	業務手順（衛生管理手順など）	2	2	2	2	従業員による漏洩	2	アルバイトに紙媒体で配布	3	12	—	—
4	顧客名簿、POS データ	4	4	1	4	従業員による漏洩	3	PC に保存している	3	36	PC にパスワードを設定する	12
5	レジスター電子マネーのリーダー	2	4	4	4	水にぬれて故障	3	キッチンとレジスターは離れている	1	12	—	
6	PC	4	4	2	4	破損、故障侵入者	3	事務室の机上に保管	2	24	事務室の引き出しに施錠して保管する	12
7	事務室	4	4	4	4	侵入者	2	休憩時に利用するため、施錠してない	3	24	1 年以内に監視カメラを設置する	12
8	従業員名簿、研修記録											

●対策の強化

　同じく重要な情報資産である仕込みのレシピとPCは、事務室の引き出し
に施錠して保管する必要があると判断し、対策の強化が図られました。また、
中期的なリスク対応計画として事務室に監視カメラを設置することで、休憩
中の従業員による盗難は制限されるとしています。このように、それぞれの
リスクに対する対策の内容と導入の計画を選定していくことが求められま
す。

●企業での導入に向けて

　実際の企業であれば、さらに手を加える必要があります。当然、業務内容
や事業規模に応じて情報資産の項目も増えるでしょう。

　また、新たに管理策を導入するとしても、手続きを踏まえて社内の合意形
成が必要になります。監視カメラを設置する場合、予算の申請や工事時期の
調整が必要になるでしょう。導入する管理策については、さらに手順書をつ
くり、全員に周知する必要があります。例えば、PCにパスワードを設定す
る管理策の導入に際しては、パスワードの貼り付けや記録を禁止することや、
桁数などのルールを決める必要があります。

　管理策を選定した後は、どのように管理策を運営するのか、リスク所有者
である担当部門や経営者の同意を得ることも必要です。監視カメラを設置す
るなら、どの部署が管理するのか決めておく必要があるでしょう。

　まずは、情報資産とリスクを可視化することで、危機感を共有することが
情報セキュリティの第一歩になります。そして、優先順位に応じた管理策を
導入し、リスクを低減することができます。しかし、その後も運用を継続す
ることが重要であり、情報セキュリティに終わりはありません。

附属書と適用宣言書

　ISO/IEC 27001 では附属書 A の位置づけも 1 つの特徴です。ISO 9001 や ISO 14001 では、規格を購入しても附属書を読んだことがないという方がいるかもしれません。一方、ISO/IEC 27001 の附属書 A には、114 の管理策が書かれており、対策やルールを策定する際に適用可否を選択することになります。

　規格の中には以下のような記載があり、附属書 A を参照し必要な管理策を導入する必要があります。

　　「附属書 A は、管理目的および管理策の包括的なリストである。この規格の利用者は、必要な管理策の見落としがないことを確実にするために、附属書 A を参照することが求められている。」（ISO/IEC 27001　6.1.3 注記 1）

　例えば、前述の入退管理について対策は、管理策の 1 つに以下のようなものが示されています。このような管理策を用いてリスクの低減を目指します。

　　「セキュリティを保つべき領域は、認可された者だけにアクセスを許すことを確実にするために、適切な入退管理策によって保護しなければならない。」（ISO/IEC 27001　附属書 A 11.1.2）

　また、管理策の事例や使い方を解説するガイドラインとして ISO/IEC 27002 も発行されており、あわせて読んでいただくと理解しやすくなります。なお、ISO/IEC 27002 は要求事項ではないので、認証取得する際に必ず導入する必要はありません。実際に管理策を取り入れる際に参考にすることができますので、参考として活用しながら、どの程度まで対策を施すか、決めるのは仕組みを運用する組織です。

　すべての管理策を一覧にして、採用するか否か、採用しない場合の理由などをまとめた表を**適用宣言書**と呼びます。適用宣言書にどのように運用するか（該当する手順や規定の名前）も記載している組織が多く見受けられます。

　附属書を確認する必要があること、適用宣言書が要求されていることは、他の規格とは異なる ISO/IEC 27001 の特徴であり、管理策を導入・実践するための参考として ISO/IEC 27002 を活用することができます。

8・ISO／IEC 27001 の特徴

💬 ISO/IEC 27001 とPマークの違い

●規格の主旨の違い

　よくある質問の1つとしてPマークとの違いに触れてみます。Pマークも情報セキュリティに取り組む組織を認証する制度であり、国内では非常に浸透しています。ISO規格をまったく知らない個人消費者でも、Pマークのロゴマークを目にしたことがあるのではないでしょうか。PマークのPはPrivacyの頭文字であることから、個人情報を対象としていることがわかります。個人の権利利益に配慮することが求められており、組織で活用されているさまざまな情報資産の中でも、対象を個人情報に限定している事が、ISO/IEC 27001との大きな違いです。

　Pマークではマネジメントシステムの要求事項としてJIS Q 15001を採用しており、同規格には以下のように記載されています。

　　「組織が、自らの事業の用に供する個人情報について、その有用性および個人の権利利益に配慮しつつ、保護すること。」（JIS Q 15001 3.45）

　対象を個人情報に特化しているため、JIS Q 15001には個人情報については具体的な要求事項が書かれています。例えば、個人情報の取得に際しては利用目的を明示して同意を得るといった管理策は、個人の権利利益に配慮している考え方が表れているといえるでしょう。

　個人消費者に対する事業を行っている組織では、個人消費者に安心感を提供するために活用することが出来ます。個人の権利利益に配慮した体制を構築・運用するには適した規格ですが、組織の情報資産を網羅的に管理するための規格ではないと考えられるかもしれません。

　どちらを取得するか迷った際には、読者の皆様の事業を鑑みて、有効な方を取得することで規格を有効に活用することが出来るでしょう。

ISO/IEC 27001 と P マークの違い

	ISO/IEC 27001	JQA の JIS Q 15001 審査	プライバシー（P）マーク
実施体制	認定機関（JAB、ISMS-AC など）認証機関（JQA など）	JQA の独自サービス	付与機関（JIPDEC）指定機関（JIPDEC 他 18 組織）
目的	組織の情報資産をリスクから守ること	ISMS との一体化を志向	個人の権利を守ること
準拠規格	ISO/IEC 27001: 2013	JIS Q 15001:2017	
組織範囲	プロセスや部署での限定可		法人単位
対象物	登録範囲内のすべての情報資産	登録範囲内のすべての個人情報	事業に関連するすべての個人情報
有効期間	3 年間		2 年間
定期審査	（6 か月または）1 年ごと		無（2 年ごとの更新のみ）

● 制度の違い

　P マークでは法人単位の取得が求められています。対して ISO 規格の認証制度では、一定の要求事項の下で、適用範囲を柔軟に定義することができます。例えば、顧客の要求水準が特に高い事業部門を対象に ISO/IEC 27001 に基づくマネジメントシステムを構築するケースも見受けられます。他にも、審査の頻度やスキームが異なります。JQA では、認定制度に基づく運用とは異なる独自のスキームを構築し、ISO/IEC 27001 と JIS Q 15001 の審査を同時に受審できるサービスも提供しています。

　ICT に関する技術は急速に発展しており、利便性が向上する一方で、新たな脅威も生まれています。

　例えば、クラウドサービスを導入する組織も増えていることでしょう。物理的な環境を問わずに利用でき、初期の設備投資も自社で設備を抱える場合と比べて少額であり、クラウドサービスの利用にはさまざまなメリットがあります。その反面、従来とは異なる脅威も考えられます。

　そこで、どのようにクラウドサービスを提供すればユーザに安心してもらえるか、逆にどのようなクラウドサービスの提供者を選定すべきか、といった疑問を抱えている組織も増えていることでしょう。

　このような社会の変化に応じて、新たな規格も普及しています。ISO/IEC 27017 は、ISO/IEC 27002 をベースとして、クラウドサービス固有の追加の実践の手引きや追加の管理策を示した規格であり、クラウドサービスの提供者（CSP）やクラウドサービスの利用者（CSC）が、管理策を導入・実践するために活用することができます。

　ただし、ISO/IEC 27017 は、ISO/IEC 27002 と同様に認証基準として発行されている規格ではありません。国内では、一般社団法人情報マネジメントシステム認定センター（ISMS-AC）が ISO/IEC 27017 の内容を盛り込んで発行した「ISO/IEC 27017:2015 に基づく ISMS クラウドセキュリティ認証に関する要求事項（JIP-ISMS517-1.0)」に基づいた認証制度が利用されています。

	汎用的な情報セキュリティ	クラウドサービスの提供・利用に関する追加項目
要求事項	ISO/IEC 27001	JIP-ISMS517-1.0
ガイドライン	ISO/IEC 27002	ISO/IEC 27017

第 9 章

ISO 45001の特徴

2007 年に前身の OHSAS 18001 が発行され、2018 年に ISO 45001 が発行されました。2018 年に日本で起こった労働災害のうち、休業 4 日以上の死傷者数は 127,329 件、死亡者数は 909 名となっています。（出典：厚生労働省／平成 30 年の労働災害発生状況）一度このような労働災害が発生してしまうと、貴重な人材を欠くことばかりか社会的信用を損ない、事業活動に大きなダメージをもたらすことになります。どの組織においても、「安全で健康に働ける職場づくり」は欠かすことのできないテーマの 1 つでしょう。

●労働安全衛生とは

ISO 45001 は、労働安全衛生マネジメントシステム（OSMSM）の中で、唯一の国際規格です。マネジメントシステム規格の中では新しく、2018 年に発行されましたが、ISO 規格を発行する動きは 1990 年代からありました。

当初は、労働安全衛生は国際労働機関（ILO）と密に関連している内容であり、各国の法律・慣習が異なることから、国際規格の発行は難しいとされており、規格の開発が進みませんでした。しかし、労働災害事故件数に歯止めがかからないことや、前身である OHSAS 18001 に対する企業の関心が高かったこともあり、ISO は 2013 年に ISO 45001 の開発に本格的に着手しました。

その後も ISO と ILO の両者は協議を重ね、2018 年にようやく ISO 45001 の発行に至りました。

この規格が意味する労働安全衛生は、「働く人の負傷および疾病を防止すること、並びに安全で健康的な職場を提供すること」です。より安全で健康に働ける職場づくりを、個人の努力だけではなく仕組みを用いて達成することを求めています。

ちなみに、労働安全衛生マネジメントシステムの略称はいくつかありますが、一般的に「OHSMS（occupational health and safety management system）」を使用することが多いようです。その他に、OH & SMS や health と safety を反対にした OSHMS と使用する場合もあります。

日本には、ISO 45001 の発行前から長きに渡って独自の労働安全衛生活動がおこなわれてきました。例えば、危険予知（KY）活動や 5S 活動といったものがありますが、それらは労働災害を防止することにおいて大きな成果をあげてきました。ISO 45001 の策定時には、このような日本で普及している活動を盛り込むことに賛同する意見も一部みられましたが、内容が詳細すぎることを理由に不採用となった背景があります。

日本では ISO 45001 だけでなく、前記のような日本独自の活動を含んだ労働安全衛生の仕組みが策定されることや、建設業界に特化した労働安全マネジメントシステムなどさまざまな仕組みが存在しています。

　各国の法令や、業種ごとの取り組みがあり、労働安全衛生活動はさまざまな形式で運用されています。労働安全衛生の分野の中で、ISO 45001 は世界で共通化されている唯一の規格であり、今後の普及が期待される規格であるといえるでしょう。

●日本と欧米の安全管理の違い

　ここでは、日本と欧米の労働安全衛生に対する意識の違いをみていきましょう。最も大きな違いは、何を目標にしているかという点です。皆さんは、通りかかった建設現場の仮囲いや工場内で「事故件数目標：0件」と掲げられた看板を目にしたことはありませんか。このように、日本では事故件数を目標におくことが多いように見られます。

　それに対して、欧米では、ヒューマンエラーを含めた事故はなくならないものと考えています。そのため、事故の件数ではなく、重篤度を減らすことを重視して目標を設定しています。その他にも日本と欧米の安全管理の違いについて次のような例があげられます。

表 9-1-1　日本と欧米の安全管理の違い

日本	欧米
災害発生件数を重視	災害の重篤度を重視
努力すれば、二度と起こらない	努力しても、技術レベルに応じて起こる
安全にコストはかけない	安全にコストをかける
自分の身は自分で守る	組織が身を守るため、ルール通りに行動を要求

9 -2 危険源の特定

●危険源とは

危険源という言葉も、前述の「働く人」と同様に ISO 45001 特有の言葉で、「負傷および疾病を引き起こす可能性のある原因」（ISO 45001 3.19）と定義されています。

私たちの日常生活を思い浮かべてみてもわかる通り、危険とは常に隣り合わせで過ごさなければなりません。例えば、歩く行為1つとってもつまずいたり、人とぶつかったりしてけがをする可能性があります。実際の業務では、さまざまな危険源があげられます。例えば、作業機械との接触や化学物質の発火、高所作業中からの落下といった身体的な危険もあれば、労働時間の過多や○○ハラスメントといった社会的要因もあるでしょう。自組織の業務には、どのような危険源があるのか、全体像を把握することは労働安全衛生に取り組むうえで重要です。

●危険源の特定から想定されるリスクの評価方法

前述した危険源を特定し、危険源から想定されるリスクを評価します。リスクの大きな危険源を優先することで、有効な対策を検討することができるでしょう。このような評価方法を使用すれば、多くの危険源の中から、どのリスクを優先して対策をすればよいか、選択することができます。

表9-2-1　加算法・積算法による危険源の特定方法

危害の程度（A）	点数	危害の発生確率（B）	点数	頻度（C）	点数
致命的（死亡・障害が残る程度）	10	確実である	6	頻繁	4
重大（休業災害・多数の被災者）	6	可能性が高い	4	ときどき	3
軽度（休業災害・複数の被災者）	3	可能性がある	2	たまにある	2
微傷（かすり傷）	1	ほとんどない	1	ほとんどない	1

加算法：リスク＝A＋B＋C　　積算法：リスク＝A×B×C

表 9-2-2　リスクマトリクス法による危険源の特定方法

		危険事象の発生確率（危害の発生確率×接近の頻度）			
		確実に起きる	可能性が高い	可能性がある	ほとんどない
		1 回 /1 か月以上	1 回 /10 年	1 回 /100 年	1 回 /1 万年
危害の程度	致命傷	16	15	12	8
	重傷	14	13	10	5
	軽傷	11	9	6	3
	微傷	7	4	2	1

❗ 働く人の参加

　各規格には、その規格特有の言葉が存在しますが、ISO 45001 にもそのような言葉は存在します。その 1 つが「働く人」です。

　働く人とは、「組織の管理下で労働するまたは労働に関わる活動を行う者」（ISO 45001 3.3）と定義されています。「働く人」には、トップマネジメント、従業員はもちろん、ボランティアといった無給で働く人もこの中に含まれます。

　ちなみに、英語では「worker」と書かれており、日本語に直訳すると「労働者」となります。しかし、一般的に日本で使用される「労働者」という言葉にはトップマネジメントやボランティアを含まない意味で用いられることが多く、混乱を防ぐために「働く人」と表現しています。

　ISO 45001 には、この「働く人」に関わる要求事項が各章に存在しています。4 章に基づき組織の状況を把握する際には「働く人」のニーズおよび機会を含めることが求められており、5 章では「働く人」を含んだ協議を実施することが求められています。

　他の規格ではトップマネジメントの方針を反映したトップダウンの考え方に基づいていますが、ISO 45001 は働く人とともに安全に事業を運営することを目指していると伺えます。

２種類のリスクと機会

● ２種類のリスクと機会

リスクと機会はどの規格にも採用されていますが、ISO 45001 には２種類のリスクと機会が書かれています。

具体的には、「労働安全衛生リスクと機会」、および「労働安全衛生マネジメントシステムのその他のリスクと機会」の２種類です。両者の違いを簡単に述べると、前者は各現場において想定される負傷・疾病のリスクと機会で、後者はマネジメントシステムの運用に関して想定されるリスクと機会を指しています。

なお、危険源から想定されるリスクは、上記の前者である「労働安全衛生リスクと機会」にあたります。ISO 45001 の中では混同しやすい箇所でもありますので、各々の定義や意味する内容を表 9-3-1 にまとめました。

表 9-3-1　リスクと機会の一覧表

名称	定義および意味	例
労働安全衛生リスク	労働に関係する危険な事象またはばく露の起こりやすさと、その事象またはばく露によって生じ得る負傷および疾病の重大性との組合わせ（ISO 45001 3.21）	機械を使用することによる接触事故、高所作業による落下事故など
労働安全衛生機会	労働安全衛生パフォーマンスの向上につながり得る状況または一連の状況（ISO 45001 3.22）	危険予知活動（KY 活動）、5S 活動など
労働安全衛生マネジメントシステムのその他のリスク	労働安全衛生マネジメントシステムの実施や運用などに関係するリスク	労働安全衛生教育不足による働く人の意識低下など
労働安全衛生マネジメントシステムのその他の機会	労働安全衛生マネジメントシステムの実施や運用などに関係する機会	労働安全衛生方針の好機な変更など

ワークショップ④

●カレーショップの労働安全衛生

　カレーショップには、負傷および疾病になりうる危険源が多く存在します。
　材料を切る際には包丁を使用し、アツアツのカレーを顧客に提供するため
には、厨房では絶え間なく熱を利用します。

　そこで、カレーショップでの労働安全衛生の取り組み例を簡単に紹介しま
す。ここでは、考えられる危険源と想定される危害を洗い出し、危険源で紹
介した**加算法**を用いてリスクを評価してみました。なお、このカレーショッ
プには、お店のオーナー、現場で働く店長とアルバイト従業員が働いていま
す。

表 9-4-1　加算法による危険源の特定方法

危険源	危害	A	B	C	合計
火を使用した調理	火傷を負う	3	2	2	5
	一酸化中毒などの疾病の発症	4	4	1	9
	お店の火災	4	2	1	7
包丁を使用した調理	けがを負う	1	2	2	5
調理場の熱	熱中症	4	3	2	9
高く積んでいる材料など	材料が落下してきた際に負うけが	2	2	2	6
長時間労働	長時間労働における肉体・精神的負荷	2	2	2	6

　A：危害の程度　　B：危害の発生率（可能性）　　C：頻度

●リスクを低減する

　このカレーショップでは、さまざまな危険源からが想定されるリスクを評
価した結果、一酸化炭素中毒や熱中症が大きなリスクであると判断できます。
　続いて、それらのリスクを低減する手段を考えてみましょう。一酸化炭素
中毒や熱中症に対する対策としては、充分な換気とこまめな水分補給が考え
られます。

店長とアルバイト従業員は、リスクを低減するために現在よりも高性能な換気・空調設備の導入を要望しましたが、オーナーが見積をとったところ、コストが高く断念せざるを得ませんでした。そこで、オーナーと店長は、少しでもリスクを低減できるよう他の対策を考えました。

　まずは、充分な換気をして一酸化炭素中毒を予防するため、店内の入り口と厨房の窓は開け続けることにより、空気の循環を促しました。続いて、こまめな水分補給により熱中症を防ぐため、店内で働く人にスポーツドリンクを用意することにしました。

　さらに、上記の対策が効果的であったかを図るために、出退勤時に体調チェックするシートを記載するようにしました。

●安全で健康に働ける職場づくり

　カレーショップを例に危険源の特定とリスク低減の対策を考えてみましたが、いかがでしたでしょうか。リスク低減に向けた施策の中には、大規模な設備投資を行う以外にも、コストをかけずにできる対策もあります。実際に著者が訪問した組織でも、さまざまな工夫が見受けられました。

　例えば、建設機械に貼り紙をして死角を知ってもらうような取り組みであったり、ヒヤッとしたできごとを共有するために掲示板を設けたり、それぞれの組織に応じたさまざまな工夫がされています。

　労働安全衛生マネジメントシステムは、『安全で健康に働ける職場づくり』を通して、組織の持続的な発展を目指すためのフレームワークとして活用できるでしょう。

第10章

ISO 22301の特徴

　ISO 22301 は、2012 年に事業継続をテーマとするマネジメントシステム規格として発行されました。異常気象や自然災害のみならず、新型コロナウィルスによるパンデミック（爆発的な感染症の流行）は現実に起こっており、今後も危機的なインシデントの発生を想定せざるを得ません。不可避なリスクに対して備えることで、早期の復旧や円滑な事業運営を目指すことは、事業運営において非常に重要な課題です。本章では、万が一の危機的なインシデントが発生した場合に、事業の停止を防ぐことや速やかな復旧、組織自体の経営存続を図ることに寄与する事業継続マネジメントシステムの国際規格 ISO 22301 について説明します。

事業継続とは

●事業継続とは

ISO 22301 は、事業継続マネジメントシステムの国際規格であり、規格を読むうえでは「事業継続」とは何かを理解する必要があります。

国内では、さまざまな自然災害が発生し、国外では宗教に起因するものも含む無差別テロが起こっています。近年の状況では、組織が事業を運営するうえでさまざまなリスクに晒されており、いつ事業の中断・阻害を引き起こすようなインシデントに遭遇するかわかりません。いつかは必ず何らかの危機に直面するという前提で、あらかじめ普段から準備しておくことが重要となります。

次のグラフは、重大なインシデントに見舞われてから、徐々に復旧していく過程を表しています。縦軸の影響度合い（操業度の落ちる度合い）を軽減し、横軸の復旧に要する時間を早めることが事業継続の重要なテーマです。

ISO 22301 では事業継続を以下のように定義しています。

「事業の中断・阻害などを引き起こすインシデントの発生後，あらかじめ定められた許容レベルで、製品またはサービスを提供し続ける組織の

図 10-1-1　事業の復旧曲線

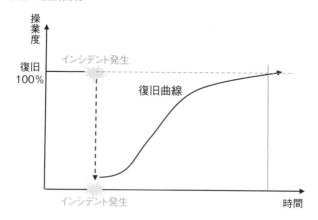

能力」（ISO 22301 3.3）

●事業継続で想定するリスク

　事業継続マネジメントシステムは、リスクマネジメントの1つの手段です。事業運営はさまざまなリスクに晒されており、情報セキュリティやオペレーショナルリスクについては、それぞれのテーマに適切な手段があります。ISO 22301が対象としているのは「事業の中断・阻害などを引き起こす」事象です。対象とするリスクは、影響度合いの大きな、かつ滅多に起こらないリスクを指しており、**テールリスク**とも呼ばれます。

　滅多に起こらないリスクは、平時の業務でノウハウを獲得することが難しいともいえます。自身で経験して学ぶ機会が非常に少ないので、このような規格を活用してマネジメントシステムを構築して備えることが有効です。

　事業の継続や早期復旧のために、インシデント発生後の運営体制や復旧計画をあらかじめ策定することは有用です。事業継続は当座の安全を確保するだけではなく、その後事業を復旧し、日常を取り戻すために普段から準備しておく取り組みといえます。

図 10-1-2　事業継続の対象となるリスク

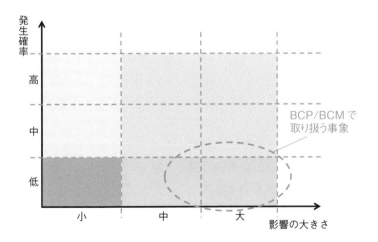

事業影響度分析

●事業影響度分析とは

　有事の際には、通常の経営資源が揃わないことが十分に想定されます。ヒト・モノ・カネが限られる中で、事業の復旧に取り組まなければなりません。

　例えば、従業員は全員が出社できるとも限りません、また、資材や原材料もあらかじめ持っていた分だけで対処せざるを得ないことも考えられます。さらに、電力などのインフラも自家発電設備の能力に制限される可能性も考慮する必要があるでしょう。

　限られた経営資源の中で、すべての事業・サービスの復旧を目指すことは現実的ではないという前提が、有事に直面した場合の実態です。限られた経営資源で、どんな業務から着手して復旧するのか、選択と集中が必要でしょう。

　そこで、優先的に経営資源を割くべき事業や、そのために必要な活動を明確にすることが、事業影響度分析の目的です。

●優先的に復旧する事業の特定

　まず、優先的に経営資源を割いて継続や復旧する事業、例えば提供の再開を目指す商品やサービスを特定することが必要になります。事業継続マネジメントシステムの構築やBCPの策定に取り掛かる際、この段階で悩む組織が多く見受けられます。有事の際に意思決定を支援する重要な事項なので、事務局だけでなく経営層も交えて判断することが有効です。

　重要な事業を選定する基準は、組織によってさまざまな要素を考慮して決定することになりますが、企業の存続を大前提に考えれば、自ずと自組織の売上構成や顧客の要求事項を考慮することが一般的と考えられます。

　例えば、さまざまな業界の顧客を持つ金属加工業であれば、売上の比率や要求水準の高さを判断基準に、「自動車業界向けのライン」の継続や復旧を最優先事業に決定するケースがあるでしょう。情報システムの開発・運用サービスであれば、進行中の開発プロジェクトは一旦止めてでも、運用サービ

スを優先的に復旧するという決断をあらかじめ考えておく組織が多いかもしれません。

具体的な要素は組織によって異なりますが、いくつかの要素を組み合わせて優先する事業を決める手法が考えられます。

優先的に経営資源を割く対象が決まった後に、顧客が最大限待てると思われる時間（最大許容停止時間）を設定し、その中で目標とする復旧時間（目標復旧時間）を定めていきます。

表 10-2-1　優先事業の特定（例）

	最大許容停止時間	最小限の創業度	現状管理策の脆弱性	契約内容上の訴訟リスク	経営戦略上の優先度	総合優先度
A 製品	〇日	40%	高	大	高	A
B 製品	△日	20%	低	小	中	B
…	△日	20%	低	中	高	B

●優先する事業にかかわる経営資源の特定

どんな事業を優先するのかが決まったら、優先事業にかかわるプロセスや経営資源を洗い出す必要があります。

図 10-2-1　優先事業に関わるプロセスの特定

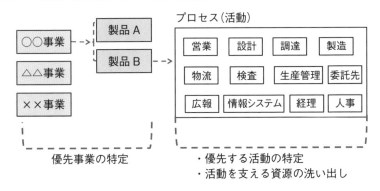

優先事業に関わるプロセスを洗い出すには、業務フローや工程図などを基に洗い出す手法が多く用いられます。業務フローや工程図を目標復旧時間と照らし合わせて、各プロセスおよび担当部署が、いつまでに復旧する必要があるのかを設定することができます。

●リスクアセスメントとは

ISO/IEC 27001：情報セキュリティマネジメントシステムでもリスクの洗い出しと評価を要求されていました。事業継続マネジメントシステムでも、洗い出したリスクを評価し、対策を施す脅威を特定することが求められています。

国内では大規模な地震・震災を想定するケースが多く見受けられますが、立地条件によっては水害を警戒する場合もあるでしょう。一方、パンデミックの状況に対して、在宅勤務でも業務を遂行できる組織ならその脅威も少なく評価できるでしょう。

このように、立地条件や事業特性により、脅威として警戒する事象は異なります。自組織の状況を鑑みて、対策を講じる優先順位を明確にすることが求められています。

●リスクの洗い出しと評価

事業の継続に影響を及ぼす事象には、どのようなものが考えられるか洗い出します。例えば、過去の重大なインシデントから想定される脅威を洗い出す手法があります。国内では、大地震や火山の噴火に加えて、豪雨による水害や新型の感染症、国際的なイベント開催期間中のテロを評価対象とする組織が多く見受けられます。洗い出した脅威が発生した場合、自組織の経営資源がどの程度影響を受けるのか評価します。さまざまなシナリオが想定される中で、優先的に事業継続の準備をしておく必要がある脅威を特定することができます。

また、リスクアセスメントの際には、可能な限り具体的なシナリオを把握することが有効です。例えば、漠然と「大地震」という脅威を想定しても、その後の影響はさまざまな場合が想定され、具体的な対策を決定することは困難です。過去の大地震の事例や、自治体の公表している災害想定を利用し

て、「水は何日途絶えるかもしれない」「付近の帰宅困難者が何人出るかもしれない」という具体的な被害や時間経過に伴う変化を把握しておくことが、有効性を高める1つの方法です。

自治体の公表している災害の想定シナリオを調べると、想定している震源地・震度・マグニチュードや被害状況を知ることができます。また、自治体のハザードマップを確認すると、水害の脅威の有無や想定されている降水量などが確認できます。帰宅困難者の想定人数、停電の期間などの内容を加味して、自組織への影響を想定しておくことが重要です。

具体的なシナリオを想定することで、実際の被災状況が「想定していた範囲内」なのか、「想定外」なのか迅速に判断することができます。有事の際には、困難な意思決定を迫られる場面も多く出てきます。落ち着いて判断することは難しい状況ですが、あらかじめ判断基準を決めて備えておくことで混乱を軽減することができます。

表 10-3-1　リスクの評価（例）

脅威 (発生(原因)事象)	資源に対する影響度						
	情報システム	社屋	製造設備	サプライヤー	人材	…	総合リスク値
大地震	3	2	3	3	3	…	18
新型インフルエンザ	3	1	…	…	…		
無差別テロ	3	1					
火山の噴火	2	3					
豪雨	2	1					
…							

評価点	評価基準
3	プロセス／業務・関連する資源に甚大な影響を受け、復旧には時間を要する
2	一時的にプロセス／業務の中断を余儀なくされる影響を受ける
1	プロセス／業務を中断せざるを得ない程の影響はない

最優先すべきシナリオを決定する

事業継続戦略と事業継続計画

●事業継続戦略

リスクアセスメントで想定されるシナリオの中で、事業影響度分析で重要と定めた事業を提供するために、有事の際の方針を決めておくことが求められています。例えば、代替サイトでの業務再開を考える組織もあるでしょう。また、遠方の同業者から代わりに納品する方法を考える組織や、代替拠点を持たずに製品在庫を多めに抱える組織もあるかもしれません。

図 10-4-1　事業影響度分析・リスクアセスメントを踏まえた事業継続戦略

事業影響度分析とリスクアセスメントの結果から、原則となる大まかな戦略（事業継続戦略）を策定し、それを実現するための計画を書き起こします。事業継続戦略は組織に応じて異なるので、それを実現するための計画も、組織に応じてさまざまな形があります。例えば、平時から複数拠点を運営している組織であれば、代替拠点として活用できる可能性がある一方で、連絡手段や指揮系統は複雑な運用になることも懸念されます。また、最大許容停止時間も業務内容や顧客との関係性によって変わりますので、自組織の特徴を反映した分析が必要になります。

リスクアセスメントで想定される脅威も、事業内容や立地条件などに応じて変わります。事業影響度分析でも、さまざまな尺度を用いた評価が考えられるので、優先事業と特定される内容や、そのための資源は組織に応じて異

なります。一部の組織では、コンサルタントから購入した雛形などを用いて **BCP**（Business Continuity Plan：**事業継続計画**）を策定しているケースがあります。しかし、根拠もなく地震を想定していたり、上記のような組織の特徴が反映されていない場合もあります。既に BCP を構築している組織も、あらためて「事業影響度分析とリスクアセスメントに基づいた事業継続戦略があるか」ということを確認することを推奨します。

●狭義・広義の BCP

BCP（事業継続計画）という言葉は、聞いたことがある方も多いのではないでしょうか。昨今の情勢から、さまざまな組織が BCP の策定を検討しています。ISO 22301 では、復旧に向けて 3 段階の過程を想定しています。

図 10-4-2　広義の BCP と協議の BCP

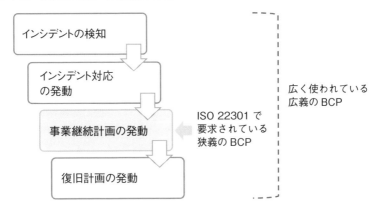

なお、ISO 22301 以外でも、さまざまな場面で BCP という言葉が使われていますが、3 段階を区別せず広義の意味で用いられているように見受けられます。本書では、ISO 22301 に沿って、有事の際に復旧する過程を以下の 3 段階に分けて紹介します。

●発災時の初動（インシデント対応）

インシデント対応は、3 段階の最初の段階に当たるもので、インシデントを検知して初動の対処をすることを指しており、**IMP**（Incident Management Plan）と呼ばれることもあります。初動段階では、インシデントを検

知してから被害状況の確認や安否確認、情報収集、対策本部の設置などといった正確で迅速な対処が要求されます。

あわせて、インシデントの影響を受けた後には、利害関係者とのコミュニケーションも非常に重要になります。被害状況や顧客への影響を鑑みて対応する必要があり、場合によっては行政などの関係機関にも連絡が必要になります。このような広報活動は**クライシスコミュニケーション**と呼ばれることがあります。こうした有事の際の情報提供は、顧客との信頼感を維持するうえで必要な取り組みであり、規格でも要求されています。各部門の具体的な動きと、情報収集のルート、対策本部のインフラ、コミュニケーションの必要な利害関係者などを具体的に定めておくことが重要です。

図 10-4-3 3 段階の復旧

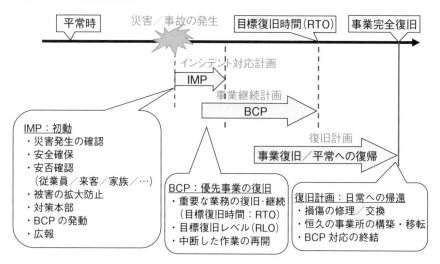

●事業継続計画：BCP

2 段階目は、IMP として初動に対処した後、被害状況や発災したインシデントの内容に応じて発動される BCP を指しています。ISO 22301 の要求事項は、狭義の事業継続計画に該当します。

BCP では目標復旧時間までに、目指していた水準まで事業を再開もしくは継続するための手順を定めることが要求されています。事業継続戦略に沿って、実効性のある BCP を構築する必要があります。目標復旧時間までの

具体的な手順は、組織によってさまざまです。ただし、平時との違いに着目して手順を定めておくことは、非常に重要な視点です。製造業であれば、設備の点検箇所や修理・清掃に関わる手順も必要になるでしょう。情報処理業であれば、バックアップ環境への移行や本番環境への切り戻しなどが考えられます。平時の業務とは異なる作業が生じる場面も考えられるので、戸惑うことのないよう、策定後に周知し演習を行うことは非常に重要です。

●復旧計画

BCP に記載した目標復旧時間内に優先事業を復旧しても、その後日常を取り戻すには多くの苦労が伴います。しかし、いつまでも非常事態として対策本部が陣頭指揮を執るのは現実的ではありません。いつかは、対策本部を解散して、日常の運営体制に移行することが必要になります。

そこで3段階目に復旧計画として、対策本部を解散して日常の運営体制に戻るための、判断基準や手順をあらかじめ定めておくことが要求されています。例えば、代替サイトでの活動再開と並行して、被災地の復旧に当たっていれば「被災したサイトでの活動再開をもって対策本部を解散する」という基準を定めておくことがあげられます。対策本部の解散後は、今後の生産計画の調整や原材料の発注ルートもインシデント発生前の手順に従うことができます。優先事業以外の事業が再開した時点で、災害対策本部を解散することも考えられます。

IMP・BCP を経て復旧計画の段階まで来ると、具体的な状況を記載することは難しいかもしれません。しかし、日常に戻るまでの過程を考えて、判断基準と仕組みを構築することで、有事の際に混乱する可能性を低減できます。

10-5 演習

　実は、BCP を策定している組織のうち、演習や訓練を実施していない組織も見受けられます。平成 26 年の防災白書では、BCP 策定済み企業のうち 38％が演習や訓練を行っていないと記載されています。

　取引先の要請により形式的に策定した BCP であれば、策定した段階で役割を終えてしまいます。非常にもったいないことではありますが、せっかく苦労して策定した BCP が絵に描いた餅となってしまう結果を招きます。

　有事の際に BCP を初めて見るという状況では機能しているとはいえません。安否確認のための情報システムを導入しても、入力の方法がわからないといった基本的な課題にぶつかることも考えられます。また、新製品投入や設備更新によって、平時の運営実態が変われば、BCP と乖離することもあります。

　BCP の策定だけでなく演習を通した継続的な改善が求められています。演習に取り組むといっても手法はさまざまです。

　策定して初めての演習であれば、会議室で読み合わせて周知する（机上演習）という手法も、取り組みやすい演習の 1 つです。その後は、演習を一層具体的に発展させるために、実際に代替サイトやバックアップ環境で手を動かしてみる、などの取り組みが有効になります。演習で浮かびあがる課題や、平時の仕事の変化点を把握し、策定後も継続的に BCP を見直していくことが必要であり、演習は PDCA サイクルの運用に不可欠と考えられます。

表 10-5-1　演習手法の例

複雑さ	演習の形態	プロセス	参加者
単純	机上演習	具体的なシナリオの基に、会議形式で課題討議する BCP 内容の有効性の検証	計画の立案者 別の管理者（検証）
	ウォークスルー	参加者の役割と相互関連をチェックするために、机上演習を拡大的に実施する BCP 内容の有効性の検証（対話を含め、参加者の役割を確認）	計画の立案者 主要参加者
	シミュレーション	模擬的な状況を使用して演習を実施する BCP に十分な情報が記載されていることを確認	主要参加者 コーディネーター オブザーバー
	代替サイトでのテスト （重要な活動の演習）	代替サイトで、継続すべき業務をテストする 通常業務に影響を及ぼすことなく、管理された状況で実施する	BCP 対応要員 ホットサイトのサプライヤー コーディネーター オブザーバー
複雑	フルテスト （IMP を含む全 BCP の演習）	災害の発生を想定して、IMP、BCP の内容をすべて演習する	BCP 対応要員 関連する従業員 ホットサイトのサプライヤー コーディネーター オブザーバー

出典：Good Practice Guidelines 2010 を基に作成

10 · ISO 22301 の特徴

●カレーショップの事業継続

事業継続についてあらためて整理するため、カレーショップを例に考えてみましょう。ここでは、より具体的にイメージするため、以下のような特徴を持つカレーショップを想像してください。

・オフィス街のビルに店舗を構えており、主な顧客は近隣オフィスの会社員
・店舗で下拵えした食材を利用して、近くの公園にもキッチンカーで出店

●事業継続影響度分析

普段はさまざまなメニューを提供していますが、売上比率と顧客の要求を分析・評価した結果、有事には野菜カレー（中辛）のみを提供することとしました。

表 10-6-1　カレーショップの優先事業

メニュー分類	メニュー名	売上比率	有事の社会的要求		総合評価
			空腹を満たす	栄養バランスを整える	
ヘルシーな野菜カレー	中辛	高	○	○	A
	激辛	低	○	○	C
本格的なインドカレー	バターチキン	高	○	△	B
	マトン	中	○	△	C
	…				…
トッピング	チキンカツ				
	フライドオニオン				

最大許容停止時間は、近隣のオフィスが再稼働する5日目に合わせることとし、目標復旧時間を設定しています。

野菜カレーを提供するプロセスや、そのための資源はワークショップ①を

参考にすることができます。各プロセスの資源が確保できるか、例えば、公共交通機関を使わずに出勤できる従業員がいるのか確認することも必要になります。

●リスクアセスメント

リスクを洗い出し、評価した結果、大地震を最大の脅威と決めました。そのうえで、自治体の公表している資料などから、震度6強の巨大地震に備えることを目指します。

表10-6-2　カレーショップのリスクアセスメント

脅威（発生事象）	資源に対する影響度					
	店舗建屋	調理器具設備	食材調達	人材	…	総合リスク値
大地震	3	2	3	3		A
新型インフルエンザ	1	1	2	3	…	
無差別テロ	3	1	2	3		
火山の噴火	1	2	2	1		
豪雨	2	1	2	2		
…						

●事業継続戦略

事業影響度分析およびリスクアセスメントから、事業継続の戦略を立案することができます。

インシデント発生から5日以内にキッチンカーで調理し、店舗が入居するビルのエントランス前のスペースで、野菜カレーを提供することを目指します。

このような事業の再開と復旧を実現するには、平時の工夫が必要です。例えば、シフト表を紙媒体で配布せずに、SNSを通じて共有すれば、有事の初動の際に連絡先がわからないということはないでしょう。近年は業務用のSNSもさまざまなツールが提供されています。調理についても、キッチンカーを利用して、毎年BBQを催すなどの工夫により、店舗での調理を行う従業員は、キッチンカーの調理設備の利用方法を習得することができます。

図 10-6-1　カレーショップの事業継続戦略

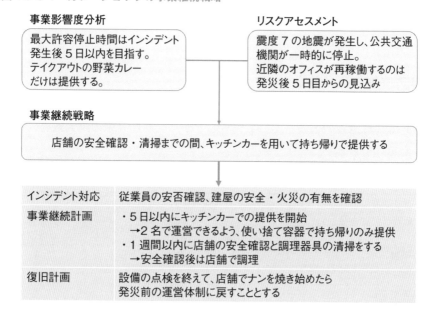

●平時からのリスクマネジメント

　ISO 22301 は、有事に備えるための仕組みであり、他の規格とは性質が違うようですが、どちらも平時から取り組む必要があるという点は同じです。

　カレーショップの例では、使い捨て容器をあらかじめ多めに買いそろえておくことで、キャッシュフローの悪化が懸念されます。食材を確保するため、多めに購入すれば廃棄ロスが、調達ルートを分散すれば費用の増加が懸念されます。

　どこまでリスクを受容して、どれだけ平時から取り組むのか、というバランス感覚は各組織によって異なる特徴でもあり、事業継続と経営は非常に密接な関係があります。リスクマネジメントは、平時の事業運営に逆行するものではなく、安心して事業を運営するための手段です。他の規格と同様に平時から取り組み、ISO 22301 を有効に活用することは、有事に直面した際の命運を大きく分けることになるでしょう。

❗ 日頃の成果が有事に現れる

●組織＝打者

　事業継続という言葉の定義をあらためて確認すると、「能力」と書かれています。

> 「事業の中断・阻害などを引き起こすインシデントの発生後、あらかじめ定められた許容レベルで、製品またはサービスを提供し続ける組織の能力」（ISO 22301:2012　3.3）

　組織の能力は、急に高めることができず、日頃から向上を目指して取り組む必要があります。日頃の取り組みが、重要な場面でのパフォーマンスにつながるという点は、スポーツ選手と同じです。事業影響度分析・リスクアセスメントを通して事業継続戦略を策定し、BCP を構築・演習し、継続的に改善する、という一連のプロセスは、野球に例えてまとめることもできます。

打席に入る際の状況整理

状況を整理し重要な仕事を決める

> ランナーは 2 塁・1 塁で 1 アウト。ランナーを進めることが重要なので、最低でも打球を転がす

起こり得ることを想定し備える

> 相手投手の持ち球は 3 種類。初球から変化球を投げる可能性は低い

対処の方向性を決める

> 変化球には手を出さずに、右方向を意識してストレートにタイミングを合わせる

　野球では、打席に入る前に、ランナーやアウトカウントを確認し、最低限やるべきことを決めます。そして、次に起こることを予想して、対処の方向性を決めます。事業継続のプロセスと対比すると、以下のように対応していることがわかります。

　打者は、普段の練習を通してバットの持ち方などを調整します。事業継続も同様に、訓練を通して、組織に応じたツールに随時見直すことが重要です。野球でいうところの打者は、組織自身といえるでしょう。平時から、全員が意図した成果を認識し、各部門のインタフェースを円滑に保って事業を運営

することは、野球に置き換えれば、打者自身の筋力や体幹を強化して試合に臨むことになります。打者の基礎体力が向上すれば、それに応じて適切なバットも変わってくるでしょう。

　ただし、野球では投手が投げるタイミングがわかりますが、事業継続はいつ有事に直面するかわかりません。有事を想定した演習や、平時からのリスクマネジメントを通して、組織の能力を高める取り組みが、有事の対応をわけることになるでしょう。

野球と事業継続の対比

事業継続の用語	事業影響度分析	リスクアセスメント	事業継続戦略	広義のBCP
目的	やるべき事を明確にする	起こり得る事を想定する	対処の方向性を決定する	起こった事に対処するツール
野球	状況把握	投手の分析	バッターの戦略	バット
	ランナーやアウトカウントを確認	投手の持ち球と次に来る球種の予想	迷わないように準備しておく	練習を通して使い慣れた、打者ごとに異なるツール

172

❗ リスクマネジメントとリスクアセスメント

●リスクマネジメントとは

　リスクマネジメントには、リスクの洗い出し・評価を通して対策を検討し、対策の有効性を検証・見直しをする一連のプロセスの運用が求められます。リスクに適切に対処するには、このような一連のプロセスを構築するだけでなく、継続的に運用する仕組みが必要です。

●リスクアセスメントの位置づけ

　リスクマネジメントの中で、リスクを評価し対策を選定するまでのプロセスを**リスクアセスメント**と呼びます。

リスクマネジメントのプロセス

出典：ISO 31000 を基に作成。

　リスクアセスメントは、リスクマネジメントに欠かせない重要な要素です。リスクアセスメントを通して、さまざまなリスクの優先順位を可視化して対策を検討することができます。

　ISO/IEC 27001、ISO 22301 といったマネジメントシステム規格の中で「リスクアセスメント」が要求されており、ISO 45001 では「危険源の特定」と「リスクの評価」が要求されています。

10・ISO 22301 の特徴

そして、リスク対応についてもそれぞれのテーマに即した内容が要求されています。ISO/IEC 27001 では管理策の採用とリスク対応計画を求めており、ISO 45001 では危険源の除去を、ISO 22301 では IMP・BCP・復旧計画を策定することを求めています。

●リスクマネジメントとマネジメントシステム

　あらためて調べてみると、リスクマネジメントは「リスクについて、組織を指揮統制するための調整された活動」（ISO 31000 3.2）と定義されています。どこまでリスクを受容し、リスクの低減にどれだけ経営資源を割くのか、リスクへの対処はさまざまな考え方があります。同じ組織内でも、部門間で考え方が異なる場合もあるかもしれません。それらを調整し、経営者の指揮統制を支援することがリスクマネジメントと考えると、リスクマネジメントは企業の経営と密接に関係していることがいえます。

　各マネジメントシステム規格の目的を実現するには、目的に対する不確かさ（リスク）に対処しなければなりません。そのためにリスクマネジメントが不可欠です。リスクマネジメントに取り組まずに目的を達成することは、よほどの幸運がない限り難しいでしょう。

第11章

セクター規格

　前章までは、第3章で紹介した「共通要素」に基づいて構築され、特定の業種や製品に限らず広く普及している規格を紹介しました。これらの規格は、要求事項が汎用的な表現で書かれています。一方、特定の分野では、さらに具体的な要求事項が必要となる場面もあります。そこで、各分野における独自の特性を補足するため、特定の事業分野（セクター）を対象として発行されている規格があります。本章では、特定の事業分野（セクター）向けに発行されている規格の一部について、概要を紹介します。

● ISO 13485 とは

ISO 13485 とは、ISO 9001 をベースに、各国の医療機器を規制する法律で要求される「医療機器の製造管理および品質管理の基準」の考え方を加えた国際規格であり、さまざまな国の法律で医療機器メーカーに対して ISO 13485 に従って管理することを求めています。医療機器は主に身体的弱者が利用するものであることから、安全な製品づくりをするために管理すべき要求事項が数多くあり、文章偏重（文書化要求、手順化要求、記録）の規格となっています。

ISO 9001 では組織の事業形態にあった仕組みを構築し、顧客満足の向上につながる改善を推進していくことを目指しています。一方、ISO 13485 では、安全な医療機器を継続的に提供できるよう、法的な要求を満たすことが定められております。つまり、ISO 9001 を踏まえたうえで、医療機器に対して求められる規制を守る管理の仕組みを求められるため、「医療機器に対する規制を順守しつつ、経営に役に立つ仕組みにすること」が重要になってきます。

● ISO 13485 の対象組織

この規格では、医療機器メーカーのみならず、医療機器に関わるサービス提供をしている組織は、すべて認証対象組織となります。

ポイントとしては、「医療機器および医療機器に関わるサービス提供している組織」ということになります。医療機器に関わるサービス提供をしていない組織は、ISO 13485 の認証を取得することはできません。

次に、ISO 13485 では医療機器を、「計器、器械、用具、機械、器具、埋込用具、体外診断薬、ソフトウェア材料または…製造業者が人体への使用を意図し…」と定義しています。つまり ISO 13485 での医療機器は、人体への使用を意図した医療機器および関連サービスのみが対象となります。

図 11-1-1　ISO 13485 の認証対象組織

ISO 13485 対象

薬機法対象の組織

設計製造所 ／ 製造業／販売業／製販業者 ／ 保管製造所 滅菌製造所 ／ 修理業者

薬機法対象外の組織

医療機器組織に提供する供給者または外部パーティ

例：設置業者／廃炉・廃棄業者／原材料・構成部品・
組立部品の供給業者／配送業者／医療機器組立業者／
滅菌サービス・校正サービス・配送サービス・
メンテサービス業者 など

医療機関・
施設 など

図 11-1-2　医療機器の対象範囲

ISO 13485	(e.g.)日本　薬機法
・医療機器そのもののみならず構成部品・材料・サービスへ適用 ・人体への使用を意図した医療機器および関連サービスへ適用 ※他国・地域や GMDN 規格で定義されている医療機器にも適用できる	・厚生労働大臣が指定する医療機器へ適用 ・医療機器の定義が、動物への使用も意図

GMDN 規格 ⇒ ISO 15225：医療機器関連一般的名称リスト

　各国法律の医療機器の定義では、動物への使用を意図している医療機器も
対象としている場合があるので注意が必要です。世界のいずれかの国で医療
機器として定義されており、人体への使用を意図した医療機器および関連サ
ービスであれば規格の適用が可能となります。

●リスクマネジメント

　医療機器は、ひとつ間違えれば大きな事故につながる特性を持っています。
そのため、この規格ではリスクマネジメントを要求しています。
　いかに「危険の原因となりえるものを抽出し、対処し、危害が生じないよ

11
・セクター規格

177

うにすること、認知されないリスクが抜け落ちないようにすること」ができるか、つまり顕在化していないものも含めて、危険となる原因をしっかり把握できるようなプロセスを構築することが重要となってきます。そのためには、なにが危険の原因になるかを、業務にかかわる組織の要員のみならず、他の医療機器メーカーの事故事例、患者、ドクターの声など、さまざまな視点から危険の原因を検討することが求められます。

　危険の原因を把握した後は、リスク分析⇒リスク評価⇒リスクコントロール（リスク低減策）を実施し、全体的にリスクを受容可能かについての計画・評価を繰り返し、それらをまとめたリスクマネジメントの記録を作成することが求められています。また、リスクの判断基準については、「発生頻度」×「発生による重大性」をマトリクスに整理し、受容の可否レベルと対処法の判断基準とする方法もあります。

表 11-1-1　リスクの判断基準（例）

判断基準の決定

＜判断基準例＞

重大性		発生頻度		
Ⅳ	△	×	×	×
Ⅲ	○	△	×	×
Ⅱ	○	○	△	×
Ⅰ	○	○	○	△
	1	2	3	4

○：リスク受容可能
△：リスク受容可能、ただし可能な範囲でリスク低減策要
　（アラート領域）
×：リスク受容不可、リスク低減策必須

IATF 16949 の概要

● IATF 16949 とは

IATF 16949 とは IATF（International Automotive Task Force：国際自動車タスクフォース）が策定した、自動車産業の国際的な品質マネジメントシステムに関する規格です。自動車には非常に多くの部品が使用されており、自動車産業も非常に幅広く多様なサプライチェーンが構築されています。サプライチェーンの各段階で不具合を予防し、ばらつきおよび無駄の削減を実現するため、ISO 9001 よりも具体的な要求事項が記載されています。

● IATF 16949 の対象範囲

IATF 16949 の認証を取得できるのは、自動車関係製品の設計・開発、生産、組立、取付け、サービスを提供する組織であり、その組織の中で顧客規定生産部品、サービス部品、アクセサリー部品を製造するサイト（事業所）に限られます。IATF 16949 で対象とされる「自動車」は以下の範囲を指しています。

> 「" 自動車 " は、次のものを含むと理解されなければならない。乗用車、小型商用車、大型トラック、バス、自動二輪車。そして、次のものは除外されると理解しなければならない。産業用車両,農業用車両、オフハイウェイ車両（鉱業用、林業用、建設業用など）。」（自動車産業認証スキーム IATF 16949　IATF 承認取得および維持のためのルール第 5 版 1.0）

加えて、認証を取得するには、対象となる車載製品を 12 か月以上量産している実績が必要となります。また、サイトごとの認証制度として運用されており、一部の顧客・製品に限定して取得することはできず、サイト内の車載製品のすべてを対象にしなくてはならないことも留意する必要があります。

営業部門や設計部門などがサイトとは別の地域に所在している場合もあります。その場合も受注から納品までのプロセスを審査で確認する必要があるため、製造以外の機能（設計や営業などを**支援部門**と呼びます）も、すべて

審査を受ける必要があり、営業所も一部地域に限定することはできません。

　なお、アフターマーケットを対象とした交換部品のみを製造する事業所は、この規格の対象外となります。

● IATF 16949 の特徴

　自動車業界は複雑なサプライチェーンが構築されています。製品の安全性が最優先であることに加えて、納期・コストについても非常に要求水準の高い業界といえるでしょう。自動車メーカーからの厳しい要求を反映して、要求事項が追加されています。IATF 16949 は ISO 9001 に自動車業界固有の要求事項を加え、さらに顧客固有の要求事項も審査の対象に含まれます。そのため、第二者監査のような側面も強くなっています。組織の担当者によっては「顧客からの第二者監査を審査機関が代行しているようだ」という印象は、次のような制度の背景に起因しています。

図 11-2-1　IATF 16949 の要求事項

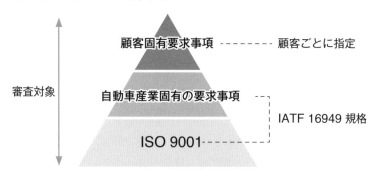

　ISO 9001 は規格の発行と認証制度の運用が別の団体により管理されていますが、IATF 16949 では両方を IATF が運営しています。IATF は、米国のビッグ 3 を含む自動車メーカーや関連する業界団体が参画して結成されました。自動車メーカー・業界団体が、自動車メーカーの要求事項を反映し、サプライチェーンを適切に管理するための、自動車メーカーの目線に立った制度を構築・運用しています。そのため、審査で発見された不適合の取り扱いや顧客満足度などのデータベースによる管理も、非常に厳格になっています。加えて、規格の要求事項についても以下の独自の品質管理の手法（コアツール）の導入も要求されています。このような規格の要求事項や制度の運

図 11-2-2　認証制度の違い

ISO 9001 の認証制度

ISO	IAF
↓規格の発行	↓制度の運用に関する文書を発行

認定機関

↓審査

認証機関

↓審査

受審組織

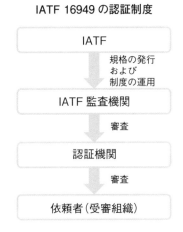

IATF 16949 の認証制度

IATF

↓規格の発行および制度の運用

IATF 監査機関

↓審査

認証機関

↓審査

依頼者（受審組織）

出典：菱沼雅博、IATF 16949:2016 解説と適用ガイド、p 342、日本規格協会、2019 年

用は自動車メーカーの意向が反映されるため、頻繁に解釈の補足が公表されます。組織は規格要求事項だけでなく運営ルールも把握する必要があります。IATF 16949 は厳格な制度・規格であり、取得が容易ではない反面、認証取得の有無は調達の判断基準として取引に大きく影響し、認証取得した場合の訴求力も強い規格といえます。

- APQP（Advanced Product Quality Planning and Control Plan）：先行製品品質計画
  顧客が満足する製品を生み出すために、製品の企画段階から量産段階、そして量産後の継続的改善までの、製品実現のすべてのプロセスに対する指針が示されており、部門横断チームで運営される計画
- PPAP（Production Part Approval Process）：生産部品承認プロセス
  顧客の要求事項を満たした製品を一貫して製造する能力があることを、顧客に認めてもらうために必要な手順
- FMEA（Potential Failure Mode and Effects Analysis）：故障モード影響解析
  製品および製造工程において発生し得る潜在的な問題について、予め分析し対処することを確実にするために用いられる分析手法
- MSA（Measurement System Analysis）：測定システム解析
  測定における誤差（バラツキ）を定量的に評価する方法
- SPC（Statistical Process Control）：統計的工程管理
  製造工程の管理と改善のための中核的手法

図 11-2-3　IATF 1694 に関するさまざまな文書

IATF 承認取得ルール

IATF16949 認証ルールの
詳細を示したもの。

入手先：一般財団法人 日本規格協会

公式解釈集（SIs）

IATF 16949 規格と IATF 承認取得ルールの
変更を示したもの。

入手先：IATF ウェブサイト

顧客固有要求事項

IATF 16949 に対する
顧客の解釈または
補足事項を示したもの。

入手先：一部の自動車メーカーは IATF ウェブサイトに
掲載。その他は顧客から個別に入手。

IATF 16949 規格

ISO 9001 規格をそのまま引用し、
自動車産業固有の要求事項を
追加したもの。

よくある質問と回答集（FAQs）

IATF 16949 規格と
IATF 承認取得ルールの
解釈を示したもの。

入手先：一般財団法人 日本規格協会

コアツールマニュアル

IATF 16949 において特に重視される技法を
示したもの。

入手先：一般財団法人 日本規格協会または株式会社ジャパン・プレクサス

182

11 -3 ISO 22000/ FSSC 22000 の概要

● ISO 22000/FSSC 22000 とは

　ISO 22000 とは ISO 9001 の PDCA サイクルの運用をベースに、HACCP：Hazard Analysis and Critical Control Point（危害分析に基づく重要管理点）の考え方を加えた国際規格です。

　ISO 9001 では、顧客満足の向上が目的であるのに対して、ISO 22000 は消費者に安全な食品を提供することを目的にしております。

　食品産業は、消費者が体内に摂取するものを提供していることから、食品安全を徹底する必要があります。食品は、生産、加工、保管、流通といったフードチェーンを経て、消費者の手元に届くため、安全性の確保はフードチェーン全体で徹底される必要があります。このため、ISO 22000 では食品安全を脅かすハザード（危害要因）を適切に管理する仕組みが求められており、これが最大の特徴といえます。

　また、FSSC 22000 とは、オランダの FSSC 財団（Food Safety System Certification Foundation）が運営する認証制度で用いられる規格で、ISO 22000 に前提条件プログラム（ISO/TS 22002-1、ISO/TS 22002-4 など）および FSSC 独自の追加要求事項を加えた規格です。**前提条件プログラム**とは、フードチェーンの業種を 10 程度のカテゴリーに分類し、各カテゴリーで備えるべき設備・インフラなどを規定したものです。ISO 22000 では、組織の業種、規模などに応じて、組織独自のマネジメントシステムを構築・運用することができます。このことは、組織の状況に即した柔軟な運用が可能となる一方、組織によりインフラや設備が異なるために、担保できる安全性の水準が組織により異なるという懸念があります。FSSC 22000 では、前提条件プログラムや独自の要求事項を追加することで、食品安全の厳格な運用を図り、より一層の消費者の安心を目指しています。

　FSSC 22000 は、食品小売業界が中心の非営利団体である GFSI「Global Food Safety Initiative（世界食品安全イニシアチブ）」によって承認されて

11・セクター規格

おり、世界の多くの国でこの規格と認証が採用されています。

● ISO 22000 および FSSC 22000 の対象範囲

ISO 22000 では、フードチェーンに関与するすべての組織（食品製造業およびそのサービス供給者を含む）が認証取得することができます。また、一部の業種を除き、FSSC 22000 も取得することができます。

FSSC 22000 の対象組織は、以前は食品製造および食品用包装容器を取り扱う製造業が主な対象範囲となっておりましたが、近年、他のフードチェーンに対する前提条件プログラムを定めた規格が発行され、対象の業種は拡大傾向です。現在では食品の保管・輸送を行う組織も前提条件プログラムが発行され、ISO 22000 の対象範囲に近づいてきました。ただし、現在のところ、消費者以外への販売（商社や魚市場の仲買など）は、FSSC 22000 の認証を取得することはできません。

また、認証範囲以外にも、制度の運用にも異なる点があります。ISO 22000 では、企業や事業部といった組織単位でマネジメントシステムを構築・運用し認証を取得することができます。一方、FSSC 22000 では原則として製造拠点単位の認証となります。つまり、同じ製品を複数の場所で製造している場

図 11-3-1　HACCP 7 原則 12 手順

手順 1　HACCP チームの結成

手順 2　製品の記述

手順 3　意図する用途の明確化

手順 4　工程図の作成

手順 5　工程図の現場確認

手順 6 / 原則 1　危害要因分析の実施

手順 7 / 原則 2　CCP（重要管理点）の決定

手順 8 / 原則 3　各 CCP に対する管理基準の決定

手順 9 / 原則 4　モニタリング手法の確立

手順 10 / 原則 5　是正措置の確立

手順 11 / 原則 6　検証手順の確立

手順 12 / 原則 7　証拠書類や記録保管体制の確立

合においても、拠点単位でのそれぞれの認証となります。また、購買機能や設計開発機能の部門が認証する製造拠点以外に所在する場合は、製造拠点に関連する支援部門という形で、製造拠点の認証範囲に含めることが可能です。

● ISO 22000 の特徴

この規格は世界の食品業界では広く普及している HACCP 手法に基づく取組みを要求しています。

HACCP 導入においては、7 原則 12 手順に基づく社内の仕組みを構築する必要があります。すなわち、危害の要因・危害の影響を分析して（Hazard Analysis）、それに基づく重要な工程や管理の方法（Critical Control Point）を定めることが求められています。

中でも、ISO 22000 の特徴的な要求事項としては、HACCP の導入手順 6（原則 1）にある**危害要因の分析**があげられます。手順 5 までに作成したフローダイアグラム（製造工程図）を基に、工程ごとに発生し得る食品安全ハザードを列挙し、予防や排除、または許容できるレベルに低減させるための処置や活動が求められております。

● FSSC 22000 の特徴

FSSC 22000 は GFSI によって承認されたベンチマーク規格であり世界の多くの認証機関で認証サービスが行われております。

ISO 22000 と比べて、追加の要求事項があり、組織にとっては、審査も厳しい規格になっています。例えば、服装や照明器具に関する具体的な要求事項も追加されており、組織によっては設備投資が必要となる場合もあります。

加えて、認証制度の運営にも ISO 22000 認証より厳しい点があります。例えば、審査日程や審査当日のスケジュールを提示しない**非通知審査**があげられます。一般的には、審査機関は組織と日程を調整したうえで審査を行いますが、FSSC 22000 の審査では、定期審査は 2 回に 1 回の割合で非通知審査として実施することが制度のルールとなっております。FSSC 22000 には追加の要求事項があり、厳格な制度が運用されておりますが、その反面、GFSI からも承認されていることから、納入先や取引先、または消費者の信頼を獲得するうえで影響の大きい規格であり認証制度といえるでしょう。

― マネジメントシステムの構築・運用に活用する ―

　第6章から第10章に記載した規格は、すべて第3章に記載した共通要素に基づいて記載されており、さまざまな業種の組織に適用することができます。本書の最後に、実在の企業の事例を用いてマネジメントシステムの構築・運用に活用する勘所を振り返ってみましょう。これまでのように、規格の内容を学ぶアプローチも有効ですが、逆のアプローチを併用して事例を規格で紐解くことで、さらに理解が深まるでしょう。

　本稿の執筆に当たり、株式会社マツブンの社長である松本照人氏に協力をいただきました。社長へのインタビューを通して、大きな課題に直面しながらも事業領域の転換を目指し、リスクと機会に応じてさまざまな施策に取り組んだ同社の取組みを紹介します。次の URL や QR コードよりダウンロードをしてください。同社の取組みは、規格への適合・認証の取得を目的としたものではなく、現在も認証を取得していません。規格への適合を目指した取組みではなく、事業運営の課題解決に取り組んだ事例を規格で紐解くことで、規格の勘所を整理することができるでしょう。

https://www.jqa.jp/service_list/management/books/privilege2021.pdf

　さらに、事例の中に登場する課題解決に向けて、皆様ならどうするのか考えながら読んでいただくと、一層理解が深まるでしょう。また、必要に応じてこれまでの各章に戻って規格の内容をおさらいしながら読むことも有効です。同社では、アパレルメーカーから刺繍加工を受託する下請け事業を中心としておりましたが、主要顧客の海外移転などで苦しい事業環境にありました。事業領域の転換を目指してさまざまな施策を導入して発展を成し遂げることができたのです。これらの施策を規格に基づいて紐解くことができます。特に、営業プロ

セスや刺繍加工プロセスについては、タートル図を用いて詳しく紹介しています。同社が「刺繍の下請け加工」から「刺繍メーカー」に事業領域を転換するために導入した施策は、意図した成果を実現するためのリスクと機会に基づいて実行されています。どんな規模や業態の組織でも、各プロセスが相互に作用しており、全体最適を目指すことは変わりません。どんな組織のマネジメントシステムであっても、利害関係者の要求事項を把握し、意図した成果を実現することを目指しているはずです。「利害関係者の要求事項」に応えて、自社の「意図した成果」を得るには、内外の課題を整理し、リスクと機会を評価し、取り組むべき施策を決定した同社のストーリーがあることがわかります。

マネジメントシステムの幹と枝葉

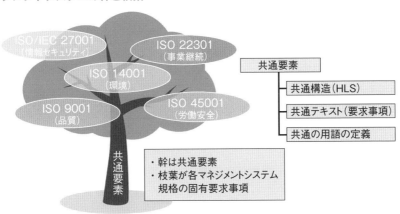

そのストーリーは、共通要素としてさまざまな規格に含まれています。それを1つの幹として、場面に応じてさまざまな規格の考え方を取り入れることで、組織の仕組みが1本の木になります。

各規格の要求事項よりも、まずは自組織の状況を確認しリスクと機会を洗い出し、目標を定めるストーリーを考えることが重要であり、それがすべてのマネジメントシステムの幹といえるでしょう。まずは自組織の幹を確認してから、取り組むべき目標・リスクに応じた適切な規格を取り入れることができます。さらに、特に重要なテーマについては、必要に応じて認証取得を目指す場合もあるでしょう、その場合も同様に、規格の対象となるテーマに

沿って幹を再確認し、対象となるテーマに沿って利害関係者の要求やリスクを評価する取り組みが必要となります。

●マネジメントシステム規格の活用

　マネジメントシステム規格は、多くの事例から得た学びや知恵を記載しています。そして、新たな学びを共有するため、規格の発行後も改訂を重ねており、今のように要求事項をまとめています。また、さまざまなテーマに応じた規格が発行されていますので、組織の課題に応じて適切な規格を選択することもできます。

　一方で、規格の表現に込められた知恵を正しく学ぶことができなければ、表面的な運用に陥ってしまう懸念もあります。一見すると難解な用語が使われることもありますが、規格の前提となる目的や考え方を理解すれば表面的な言葉に振り回されることは防げるでしょう。

　読者の皆様は、自組織の目指している「意図した成果」を説明できるでしょうか。さまざまな取り組みの目的を理解し、自身の役割を納得し、効果を実感してますでしょうか。どんなフレームワークにも勘所があり、マネジメントシステム規格に関しても同じことがいえます。マネジメントシステム規格の勘所を掴めば、事業を運営する組織に向けたフレームワークとして活用することができます。

　認証を取得・維持する組織は、多様な背景や理由があるとは思いますが、せっかく構築・運用するならばうまく活用した方が有意義であることは間違いありません。読者の皆様が所属する組織でも、さまざまな工夫しながら事業を運営していることでしょう。現行の仕組みについて、どのように付加価値を提供しているのか、どのようなリスクと機会に取り組んでいるのか、その施策が意図した成果やトップマネジメントの掲げた方針に向かっているのか、といった視点で振り返ってみましょう。状況に応じて適切なフレームワークを選択し、規格に込められた知恵を活用することで、組織のチカラを高めることに繋がります。

　本書を読んでいただいたことが、マネジメントシステム規格を有効に活用するきっかけとなれば幸いです。

用語索引

■著者紹介

福井　安広（ふくい　やすひろ）
　一般財団法人 日本品質保証機構 マネジメントシステム部門 顧問
　執筆担当：第 1 章

山本　勇一朗（やまもと　ゆういちろう）
　一般財団法人 日本品質保証機構 マネジメントシステム部門 計画室 企画調整グループ
　執筆担当：第 2 章

小澤　成樹（おざわ　なるき）
　一般財団法人 日本品質保証機構 マネジメントシステム部門 カスタマーリレーション課
　執筆担当：第 3 章

岡野　雄一朗（おかの　ゆういちろう）
　一般財団法人 日本品質保証機構 マネジメントシステム部門 計画室 企画調整グループ
　執筆担当：第 4 章

野澤　良介（のざわ　りょうすけ）
　一般財団法人 日本品質保証機構 マネジメントシステム部門 カスタマーリレーション課
　執筆担当：第 5 章

早野　雅哉（はやの　まさや）
　一般財団法人 日本品質保証機構 マネジメントシステム部門 審査技術部）
　執筆担当：第 6 章、第 7 章、第 8 章、第 10 章、第 11 章（IATF 16949）、あとがきおよび
　特典

木村　直樹（きむら　なおき）
　一般財団法人 日本品質保証機構 マネジメントシステム部門 カスタマーリレーション課
　執筆担当：第 6 章（ワークショップ）

宮路　晃弘（みやじ　あきひろ）
　一般財団法人 日本品質保証機構 マネジメントシステム部門 カスタマーソリューション課
　執筆担当：第 9 章

鈴木　康裕（すずき　やすひろ）
　一般財団法人 日本品質保証機構 マネジメントシステム部門 カスタマーソリューション課
　執筆担当：第 11 章（ISO 13485）

角田　真一郎（つのだ　しんいちろう）
　一般財団法人 日本品質保証機構 マネジメントシステム部門 カスタマーソリューション課
　執筆担当：第 11 章（ISO 22000/FSSC 22000）

●装丁　　　　　中村友和（ROVARIS）
●編集＆DTP　　株式会社エディトリアルハウス

しくみ図解シリーズ
ISO マネジメントシステムが
一番わかる

2021 年 11 月 10 日　初版　第 1 刷発行

著　者　一般財団法人 日本品質保証機構
発行者　片岡　巌
発行所　株式会社技術評論社
　　　　東京都新宿区市谷左内町 21-13
　　　　電話　03-3513-6150　販売促進部
　　　　　　　03-3267-2270　書籍編集部
印刷／製本　株式会社加藤文明社

定価はカバーに表示してあります。

ISBN978-4-297-12423-6　C3053
Printed in Japan

本書の内容に関するご質問は、下記の宛先まで書面にてお送りください。お電話によるご質問および本書に記載されている内容以外のご質問には、一切お答えできません。あらかじめご了承ください。
〒162-0846
新宿区市谷左内町 21-13
株式会社技術評論社 書籍編集部
「しくみ図解」係
FAX：03-3267-2271